（第五PLUS版）

萬物理論

Theories of Everything

胡萬炯／著

推薦序：大膽而創新的見解

　　本書提出了一個大膽而創新的見解，作者以從尊相對論及古典力學的角度出發，提出了一個嶄新的原子模型，新原子模型以及據此推出的化學鍵，能對原子和分子結構做出完善的解釋。本書並對熱力學做出重要補充，解釋了熱力學第二定律為何熵會不斷增加，以及解釋了熱力學第三定律為何絕對零度無法達到，並且對內能和熵的意義作出解釋。

　　另外他也嘗試用電荷相對論來解釋龍捲風的成因，用旋力解釋颱風和颶風的成因，用角動量守恆提出地磁以及地磁倒轉的成因，以及地震是與電磁波從地球內部經由地殼裂隙或斷層急遽釋放出來有關，因此解釋為何會有地震光。這本書值得對科學深感興趣的您們來一讀，因此誠心向讀者推薦此書，一同與作者探討這些大膽而創新的見解。

朱訓鵬

國立中山大學機械與機電工程學系教授

推薦序：廣泛的好奇心與敏銳的觀察力——我所認識的胡萬炯博士

胡萬炯博士，自體免疫學專家，1998 年台大醫學系畢，2007 年取得約翰霍普金斯大學博士學位，於 2016 年再獲得台大經濟系碩士學位。他在攻讀博士期間曾赴非洲喀麥隆收集惡性瘧疾急性感染病人血液樣本作基因晶片分析，研究瘧疾感染之人類免疫反應，期間也曾因台灣爆發 SARS 而自願請調回台，在台大免疫所研究 SARS 病毒感染 monocytic 細胞株之細胞免疫反應。他回國後曾任中央研究院博士後研究員，在翁啟惠院長和陳鈴津院士指導下，加入登峰研究計畫進行癌症免疫治療研究；曾任國家中醫藥研究所助理研究員，以及亞東紀念醫院臨床病理科專科主治醫師，目前則擔任台北慈濟醫院研究型主治醫師。

以上對於胡萬炯博士學經歷的簡述，期盼讀者可以藉此對作者有稍微認識，這點理解應有助於讀者對於本書的研讀。胡萬炯博士異於一般人之豐富學經歷，除了本身所具備優異能力外，最主要原因應在於他對各種事物所持有的廣泛好奇心與興趣，以及一直以來在基礎理論知識上堅持與追求的執著。

萬炯兄是筆者就讀高雄中學時的好友，自高二起兩人同班且座位相鄰，除了課業在彼此相互砥礪與討論中循序漸進外，珍貴的高中生活與兩年的同窗情誼，更建立在兩位慘綠少年不著邊際的談天說地中，當時心裡對萬炯兄於各種事物廣泛的興趣、

3

極度的好奇心與想像力以及敏銳觀察力，留下非常深刻的印象。
出書是極費心力的工作，很高興知道萬炯兄除了學術論文的發
表外，為自己廣泛的興趣找到另一個出口。有幸拜讀萬炯兄的著
作，要讀懂如此大作實非易事，筆者細細讀過本書後仍難以說出
能有幾分了解，但對於此書所提出許多獨到見解存有深深佩服，
相信對於認識世間萬物的本質能有許多啟發，謹將此書推薦給
讀者。

呂正傑

國立高雄大學化學工程及材料工程學系教授

推薦序：影響生命科學的一本書

　　在一個全像式模型理論的宇宙中，現實的一切都可視為一種隱喻，連最偶然的事件都隱藏著某種平衡。

　　這本書包含生命科學與生物學令人驚艷的觀念，達爾文提出演化論假說除了缺乏可靠的歷史文獻外，也沒有對生物滅絕為何發生提出完整的看法，本書作者胡萬炯博士以他在約翰霍普金斯大學受過嚴謹生物醫學邏輯思考做出發點，對地球數次發生的大規模生物滅絕事件提出他的解釋觀點。作者討論了數種生物滅絕原因的假說包括：彗星/小行星撞擊、火山爆發、海平面上升下降、以及氣候變熱或變冷等原因。經過邏輯推演思辯，作者認為米蘭科維奇循環的地球氣候變熱或變冷伴隨海平面上升下降是地球生物滅絕的主要原因，這個理論相當精彩。

　　在地球生命起源的理論中，作者同意蛋白質世界假說，不同於主流的 RNA 世界假說。原因是在早期地球大氣及海洋環境，胺基酸和多肽構成的蛋白質可以自發產生，但是構成 RNA 或 DNA 的核酸或去氧核醣核酸卻無法自發產生。因此地球生命起源可能的順序是：蛋白質->RNA->DNA，這剛好與生物學 central dogma 相反。作者提出用蛋白質世界假說解釋生物分子的同手性現象(Homochiralty)，也就是為何地球生命體只用左旋胺基酸和右旋糖。在電弱作用對稱破缺以及蛋白質二級結構允許性下，左旋胺基酸會比右旋胺基酸佔優勢，之後左旋胺基酸構成的胜

肽自催化出更多左旋胺基酸，而左旋胺基酸構成的胜肽或蛋白質傾向催化右旋糖的產生，右旋核糖再構成 RNA 或 DNA，所以可用蛋白質世界假說解釋同手性的來源，值得一讀。

而在意識與潛意識一章中，作者嘗試解決人性性善或性惡問題，他提出大腦皮質尤其額葉是代表社會教育與價值判斷的超我，而邊緣系統是代表潛意識包含餓渴性欲等的本我，邊緣系統包含下視丘、海馬迴、杏仁核等結構，超我加上本我乃成為自我，如此解決了意識潛意識問題，也解決了性善性惡問題及其對應的神經解剖學結構。本書提出相當有趣的論點，是影響生命科學的一本書，值得推薦。

沈林琥

國立臺灣師範大學生命科學系副教授

推薦序

　　我與胡醫師結識於中央研究院基因體研究中心，當時他在翁啟惠前院長實驗室擔任博士後研究員，從那時開始我對胡醫師就特別好奇及印象特別深刻。擁有台大醫學系學士及美國約翰霍普金斯大學博士學位等亮眼學歷的他，究竟是怎樣的一種動力，讓他選擇跟其所學背景或專業領域不甚相關且相對冷門的醣科學基礎？幾年的相處後，我心中的疑惑慢慢有了答案，原來胡醫師對基礎科學擁有高度的興趣，不只於物理、化學、數學等學門皆有廣博及深入的研究，對於繁複的免疫學更是著力頗深，胡醫學也非常樂於分享他在這些學門的獨到見解，常常在他的臉書中分享他的體悟及心得。瀏覽他的臉書是我增進物理學或免疫學功力的小秘密。往往非常複雜的事情，經過他的統整及陳述後，就變得平易近人了。

　　在這本萬物理論裡，胡醫師將其所著的英文原書 Theories of everything by logic 的化學、地科、以及生物部分集結出版，同時提出新原子論用以取代量子力學，並提出相應的新化學鍵理論。同時書中提出的新地震理論，相信對於地震預測會有所助益。而在生物方面本書則是對達爾文的演化論做了相當重要的補充。

　　而在後續的幾次改版中，胡醫師不僅對數理篇作出修訂，更對達爾文的演化論做出「物競天擇適者生存主要是針對不同種

的生物而言，同種生物其實是會相互合作謀求族群的生存利益且有最起碼的同類不相殘原則。」等重大見解的補充。並提出生物演化是由 Protein->RNA->DNA 逆反 central dogma 的順序來解釋醣類及胺基酸同手性 Homochirality 的起源之重大見解。第三版及第四版則是對其原子核模型做出修正，也合理解釋了核磁共振原理並完成原子理論與化學鍵。而在新修訂的第五版中則解釋了地磁以及地磁倒轉的成因，並說明颱風以及龍捲風風眼的成因。資料十分豐富，讀來獲益匪淺。胡醫師在醫師的忙碌生活裡，仍戮力擠出時間讓這樣的大作陸續問世，造福廣大讀者之餘，也希望其心中構築的大非洲慈善基金的理想能夠早日實現。

吳宗益

前中央研究院　基因體研究中心研究員
醣基生醫總經理

推薦序

　　認識胡博士已多年，他是個對各類知識具有強烈好奇心及洞察力的人。胡博士利用公餘時間，日積月累的研究各種科學理論完成這本著作萬物理論第五版，很高興他能完成此書。這本書主要含有化學、地球科學、以及生物學三大部分。在化學部分，胡博士提出一個新原子論並據此提出了新化學鍵理論，此部分並且對熱力學尤其熵的意義作出重要補充。在地球科學方面，他根據角動量守恆來提出地磁成因，用電荷相對論解釋龍捲風成因，並提出地震是由地球內部電磁波急遽釋放來解釋地震光或地震時大氣電離層變化等成因。在生物學方面，胡博士提出蛋白質世界假說與右旋糖和左旋胺基酸同手性的相關性，生物演化與滅絕主因是米蘭科維奇週期之地球氣候變化，新拉馬克廢退說與表觀基因體學的關係，並由基因密碼來延伸探討糖類與脂質的密碼，並用神經解剖學與神經生理學來探討佛洛伊德的意識與潛意識。這些理論都非常吸引人，熱愛科學的讀者朋友們千萬不要錯過此書。

康峻宏

台北醫學大學　醫學工程學院院長暨教授

推薦序

　　以一個化學家的角度來看，胡博士這一本書對原子論及化學鍵提出了嶄新的見解。目前主流的學界仍是以量子力學作為解釋原子論為主軸，但是量子力學的基本理論基礎以及詮釋問題具有很大的缺陷。胡博士提出一個對決定性原子模型的新觀點，既能解釋原來量子力學的原理原則如角動量量子化以及包立不相容定理，又能避免量子力學在物理化學的詮釋問題。而且胡博士也提出了原子核構成理論，且將其新原子模型推廣來解釋化學鍵的成因，相信對化學理論有興趣的讀者，會對胡博士的理論感到極大興趣。

韓政良
國立中興大學化學系教授

推薦序

　　在胡博士所著萬物理論一書中，書中介紹了新穎的理論剖析了萬物的起源。藉由他的理論解釋了左旋胺基酸及右旋糖的同手性起源，主要是經由電弱作用產生微小左旋胺基酸對右旋胺基酸生成的優勢，而影響之後左旋胺基酸本身或形成左旋胜肽後產生不對稱催化效應，開始大大累積了左旋胺基酸的生成而造成生命體中左旋胺基酸的同手性優勢，而左旋安基酸形成的左旋胜肽更傾向催化右旋糖的不對稱生成，最後造成生命體中右旋糖的同手性起源。胡博士理論對生命如何演化而來提出新穎觀點。另外他提出除了 DNA、RNA、蛋白質的組成密碼外，醣類和脂質亦有特別的組成密碼。他也綜合了蛋白質氨基末端的賴氨酸殘基甲基化、乙醯化、SUMO 化和泛素化等機制的互相競爭而影響蛋白質最後的功能與歸宿，這都是有見地的觀點。同時也用萬物理論解釋了大地現象的改變，與物種的起源。向讀者大力推薦此書，非常值得一讀，會對自然萬物有更深一層的認識。

柯屹又

前國家衛生研究院助研究員
現任藥騰有限公司執行長

推薦序

胡萬炯博士是我大學的同學，在大學時期他給我的印象就是一個沉默、謙遜，但是勤勉讀書，深刻思考的同學。

胡博士有著卓越不凡的抱負，台大醫學系畢業後並沒有如一般同學進入臨床擔任住院醫師，而是自修通過公費留學考試，取得獎學金至美國約翰霍普金斯大學攻讀基礎醫學博士。回國後，胡博士曾在中央研究院擔任博士後研究員，也在亞東醫院擔任病理科醫師。

胡博士真正不平凡的志向，並非在醫學上的研究成果，而是他對於博學的追求。

14 世紀文藝復興時期的達文西，達文西集藝術家、科學家、工程發明家、解剖學家等多種專家身分於一身，並且在每個領域都有極高的成就，是博學家（polymath）的代表。當代的高等教育分科非常的精細，博學家可以說已經失傳。胡博士擁有廣泛的興趣，通過刻苦的自學貫通醫學、物理、化學、免疫學，儼然就是文藝復興時期的博學家再現。

文藝復興時期的科學發現，並非透過實驗或是大數據分析，而是藉由觀察、假設、推理形成理論架構。本書，胡博士透過相同的功夫，在許多領域提出理論架構完成本書。在專才掛帥的今天，此書可謂奇書，可以刺激橫向思考，我誠心推薦給對於理論科學有興趣的讀者，也希望閱讀本書後將有所啟發。

李建璋

台大醫院急診醫學部教授
台灣兒童急診醫學會理事長

自序

　　本書是將敝人英文原書 *Theories of everything by logic* 的化學、地科、以及生物部分集結出版，離上一本書統一場論三版（本書姊妹作）已有一年的時間，本書提出新原子論取代量子力學，並提出相應的新化學鍵理論，愛因斯坦的上帝不擲骰子實為先見之明。本書也提出新地震理論，此新理論對於地震預測可望幫助期待推廣。在生物方面則是對達爾文的演化論做了蠻重要的補充，包括蛋白質世界與同手性，演化與滅絕，以及社會生物學等等，以及敝人之前在中研院糖分子實驗室和馬偕及新光醫院神經科得到的一些想法，期待讀者能欣賞。最後也將近一年想出的數理公式包括相對論角度變化和宇宙方程式做一補充，來解釋宇宙未來命運。這一本書是利用假日時間日積月累整理而成，預計在 2018 年 5 月 11 日出版是為了紀念大科學家理查費曼的百年誕辰，理查費曼雖是物理學家，但其也是結合生物和化學領域開創奈米科技的先驅者。本書也向大生物學家桑格、大化學家拉塞福、及大地科學家米蘭科維奇致敬。桑格也是 1918 年生，拉塞福則是於一百年前提出原子的 proton model，米蘭科維奇則是約一百年前有米蘭科維奇週期的構想。昨天同時也是天體力學之父拉普拉斯的誕辰紀念日，拉普拉斯的理論奠定了米蘭科維奇週期的基礎。敝人一直有做慈善的大非洲基金的願望，

若敝人理論能成功，也希望能實現慈善的願望。最後謹分享給大家一首英文詩：

Auguries of Innocence by William Blake

To see a world in a grain of sand
And heaven in a wild flower
Hold infinity in the palm of your hand
And eternity in an hour

胡萬烔

2018/03/24

第二版序

　　本書預計於 2019 年 7 月 1 日改版，新版的內容主要是針對統一場論三版以及萬物理論初版做出修訂，尤其是在數理篇的部分。選在 7 月 1 日出版是為了紀念 1859 年也在 7 月 1 日發表的達爾文演化論向他致敬，本書的內容對達爾文演化論做出重要補充，物競天擇適者生存主要是針對不同種的生物而言，同種生物其實是會相互合作謀求族群的生存利益且有最起碼的同類不相殘原則。這也是社會生物學中生物德行的源起。另外，本書對於地球曾發生多次週期性生物滅絕提出米蘭科維奇循環的地球氣候大變動為生物滅絕的主因，補充了達爾文演化論中未能闡釋清楚的生物滅絕現象的成因。今年恰巧也是 1920 年米蘭科維奇循環提出後的約一百年。1920 年代也是首先發現地磁倒轉的年代。五十年前的 1970 年，DNA 結構發現者克里克定述了生物學的 central dogma，也就是 DNA->RNA->Protein，而本書再延伸了 lipid code 及 sugar code，並提出生物演化是由 Protein->RNA->DNA 逆反 central dogma 的順序來解釋糖類及胺基酸同手性 Homochirality 的起源。今年也是被聯合國定的國際元素週期表年，原因是在 150 年前的 1869 年，門德列夫首先提出了元素週期表，而在一百年前的 1919 年，拉塞福發現了質子而提出了 proton model 作為原子行星模型並假設中子的存在，本書提出了新原子模型是更加推廣了拉塞福的原子行星模型，並提出相

應的新化學鍵理論，且完美解釋了元素週期表中 2 8 8 18 18 32 32 的魔術數字，應用於天文地科也可解釋地磁倒轉的成因。1919 年一百年前愛丁頓的一場日全蝕觀測，為證明愛因斯坦廣義相對論第一證據，2019 年一百年後人類則首次觀測到黑洞成像，再度愛因斯坦的廣義相對論。本書也對愛因斯坦相對論做出重要補充：包括相對論角度變化、相對角速度、也導出轉動動能等。2019 年 7 月 2 日也有一場日全蝕，剛好是本書改版日差一天，因此此書也有向愛因斯坦致敬之意。本序謹致於理查費曼生日。

胡萬炯

2019/5/11

第三版序

　　這是本書的第三版，今天剛好是三月十四日也是愛因斯坦誕生日與霍金逝世日，本書預計於 2020 年 5 月 11 日改版，以紀念費曼誕生日。改新版的原因是修正敝人的原子核模型，提出原子核是由中子與質子交替的線狀排列，而核力的本質是磁力，所以才會有 spin dependence & charge independence。這個新原子核模型使敝人原子論更加完整，也合理解釋了核磁共振原理和大原子序原子為何中子數是質子數的 1.5 倍。本書也對數理部分做出重要補充。前面提到三位大科學家，他們之間還有某些巧合。霍金在二十世紀後期與費曼齊名，霍金的出生日剛好是伽利略三百年逝世日，而費曼的逝世日剛好是伽利略的誕生日，費曼生於 1918 年而霍金逝世於恰好一百年後的 2018 年。而伽利略逝世於 1642 年恰好是牛頓的出生年，牛頓可視為發揚光大伽利略的接班人；另一位大科學家馬克士威逝世於 1879 年恰好是愛因斯坦的出生年，愛因斯坦可視為發揚光大馬克士威的接班人。而在伽利略逝世年即牛頓誕生年的一百年前，是現代科學革命之父哥白尼的逝世年，哥白尼也在當年發表了日心說。哥白尼出生於 1473 年，而四百年後的 1873 年馬克士威出書統一了光電磁，又五百年後的 1973 年標準模型成形統一了電磁與強力弱力，很多時候也許巧合不僅僅是巧合。本書的出版也是對上述科學家致以最崇高敬意。一百五十年前的 1871 年，達爾文出版人

類的由來一書，而 1869-1870 年是化學元素周期表被提出之年，一百年前的 1920 年也是提出米蘭科維奇循環與發現地磁倒轉的年代。本書向他們致意並也希望對數理、化學、生物、地球科學等學科承先啟後做出貢獻。

胡萬炯

2020/3/14

第四版序

　　敝人於本書第四版完全了原子理論與化學鍵，把中子當成隱藏有(Pi-介子)加上質子因而核力的本質可看成是質子-(Pi-介子)-質子的 SU(2)作用力，新化學鍵理論則用新原子模型成功解釋分子的構造形狀包括 SF6 分子。並定義熵與單位空間數量相關。再來說個有關原子論的巧合：發現電子的 JJ Thomson 逝世於八月三十日，他的學生 也就是發現質子的 Rutherfold 生於八月三十日，而拉塞福逝世於十月十九日，而他的學生繼承人也就是發現中子的查兌克生於十月二十日。拉塞福出生於 1871 年，這年是門德列夫提出最終版元素周期表，有時侯巧合不僅僅只是巧合。本書第四版完稿於 2020 年 11 月 7 日，這個日子是瑪莉居禮及洛倫茲的生日，也是與達爾文共同發表演化論的華萊士的逝世紀念日。本書預計於 2021 年 1 月 8 日出版，這個日子是霍金與華萊士的生日，也是伽利略的逝世紀念日。在 2021 年出版本書，除了是 1871 年門德列夫提出最終版元素周期表的 150 年紀念，1871 年也是達爾文出版人類的由來一書之年，本書謹向這些大科學家致最高敬意。

胡萬炯

2020/11/7

第四 PLUS 版序

敝人於本書第四版更新了化學鍵理論，把化學鍵理論歸納於三種形成方式來說明分子的形狀及作用力。把 CH4 的形成類比於 CCl4 同一方式分散四方原則，這可用新原子模型成功解釋分子的構造形狀包括 SF6 分子。並把統一場方程式再精確定義及延伸，統一場方程式為：$BxExAxS=Pi*H*c^2$，成功用向量外積統一電場 E、磁場 B、重力場 A、旋力場 S、以及熱場 H。再解釋熵箭頭為何等於時間箭頭。本書主要完成於 2021/7/4 用以紀念大化學家瑪莉居禮並寫此序，預計於 2021/9/6 出版紀念原子論先驅道爾頓，以及向 150 年前於 1871 年出生的拉塞福致敬，1871 年也是門德列夫提出最終版元素周期表以及達爾文出版人類的由來一書之年。謹向他們這些偉大科學家致以最高敬意。

胡萬炯

2021/7/4

第五版序

　　本書第五版更新了地磁理論，用敝人的新原子模型及電子自旋詳細解釋了地磁以及地磁倒轉的成因。補充了旋力與颱風生成的關係，並用角動量守恆原理來說明颱風以及龍捲風風眼的成因。並用 prefrontal cortex 解釋佛洛伊德的前意識，並且用 default mode network 說明其與意識的關係。將書中有關數學及物理部分重新放回統一場論第五版。本書主要完成於 2022/3/14 紀念愛因斯坦以及史蒂芬霍金，預計於 2022/4/18 出版用以紀念大科學家愛因斯坦以及達爾文與居禮。謹向他們這些偉大科學家致以最高敬意。

胡萬炯

2022/3/14

第五 PLUS 版序

　　本書第五 PLUS 版更新了化學鍵理論，用敝人的新原子模型及詳細解釋了 NH3, CH4, H2O 的結構成因。補充了地震生成與雷射共振腔的關係，並用普郎克空間簡諧運動的反作用力來說明為何有非慣性系的假想力來說明等效原理並且用相對論四維加速度與能量動量四向量推論，且電子以等速率圓周運動繞核根本只會有固定電場和磁場無時變性不生電磁波一如直流線圈，電子不會放出電磁輻射而墜入核中，相對論四維加速度的操作可解決重力場電磁輻射悖論。並含納維史托克方程解的詳細推導以及有關恆星演化包含紅巨星生成之機轉。本書並加入了敝人免疫學架構理論來解釋四種致病原與四種自體免疫疾病與各種所有已發現免疫路徑的關聯性。本書完成於 2023/2/2 用以紀念大化學家門德烈夫，本書預計在 4 月 19 日出版以紀念大化學家居禮及大生物學家達爾文。1723 年是微生物學之父雷文霍克紀念日，而 1823 年是免疫學之父金納以及演化論大科學家華萊士紀念日。謹向他們這些偉大科學家致以最高敬意。最後要非常感謝本書於 2022 年由出版社推薦角逐金鼎獎以及銘傳大學生物科技學系推薦角逐中山學術著作獎，致以十二萬分之謝意。

胡萬炯

2023/2/2

目錄

學者教授推薦序

朱訓鵬博士 國立中山大學機械與機電工程學系教授 2

呂正傑博士 國立高雄大學化學工程及材料工程學系教授 3

沈林琥博士 國立臺灣師範大學生命科學系副教授.........................5

吳宗益博士 前中央研究院研究員 現任醣基生醫總經理 7

康峻宏博士 台北醫學大學 醫學工程學院院長暨教授 9

韓政良博士 國立中興大學化學系副教授 10

柯屹又博士 前國家衛生研究院助研究員 現任藥騰有限公司執行長
....11

李建璋 台大醫院急診醫學部教授 台灣兒童急診醫學會理事長 12

自序 14

第二版序 16

第三版序 18

第四版序 20

第四 PLUS 版序 21

第五版序 22

第五 PLUS 版序 23

壹、萬物理論化學篇...27

新原子論（New atom model）...28

化學鍵（Chemical bond）...58

熱膨脹（Heat expansion）...68

酸鹼機制（Acid & base）...80

元素特性（Characteristics of elements）.....................82

貳、萬物理論地科篇...89

地磁理論（Geomagnetism）.....................................90

地震理論（Earthquake）..93

龍捲風理論（Tornado）...106

參、萬物理論生物篇...113

蛋白質世界與同手性（Protein world & homochirality）.114

演化和滅絕（Evolution & extinction）.............................125

新拉馬克「廢退說」（Neo-Lamarckism disuse）.............145

物種起源（Origin of species）.................................148

糖類脂質和蛋白質代碼（Sugar, lipid & protein codes）.151

意識和潛意識（Conscious & subconscious）.................159

免疫架構理論（Immune framework）...........................164

社會生物學（Social biology）...................................174

壹、萬物理論化學篇

新原子論（New atom model）

原子核的 semi-empirical mass formula：

$$Eb = \alpha(v)A - \alpha(s)\frac{A^2}{3} - \alpha(c)\frac{Z^2}{A^{1/3}} - \alpha(a)\frac{T^2}{A} + \delta(A, Z)$$

在非對稱項 T（其為中子-質子同位旋差 NZ），中子數和質子數的差越大將降低核結合能。這能說明質子和中子是一條線交替排列，如果他們擠在一起，就會有沒有區別的結合能。值得注意的是磁矩：質子是+ 14 * 10 ^ -27 焦耳/ T 和中子是-9.7 * 10 ^-27 焦耳/T。電子也具有負磁矩，所以磁矩方面中子就像電子。正號意味著質子的磁矩平行於它的旋轉，而負號表示中子的磁矩是反平行其自旋。因此，當質子和中子左右相鄰在相同的方向旋轉，將有一個吸引他們倆者的磁力。

中子和質子之間的核力是自旋依賴性的（張量分量）。如果兩個核子側對側（side-by-side）同自旋方向，之間就有吸引力核力。核力的自旋依賴性說明核力其實與吸引性的磁力相關。自由中子因為質量比質子大會衰變成質子和電子，但是與質子連結的中子就不會衰變。後述為什麼在原子核中子不會衰變成質子。質子因為由最小質量的三種夸克構成而不會衰變。中子和質子

在同一個方向共同轉動。如果不是這種相吸的磁力，離心力將會斥開質子或中子。計算也可得這磁力量度大於離心力。

我建議，在原子核的質子和中子的是一條線交替排列，如

NPNPNPNPNPNPN
P 代表質子
N 代表中子

質子和中子位於側對側有相反磁場
N- S
S- N
由於電荷排斥，質子和中子內三個夸克排列為：
質子 UDU
中子 DUD
質子或中子自旋而上夸克與下夸克同向自旋產生相反磁矩，故質子與中子是同方向自旋而其內三夸克自旋也同方向，這樣才能有相吸引的電磁力，當質子與中子線狀相接就成：
UDU-DUD
根據上下夸克所帶正負電荷相反，這樣就能靠吸引性電磁力來聯繫質子與中子。
雙質子 UDU-UDU
雙中子 DUD-DUD

可看到兩核子最外側夸克是互相排斥的而不能成為穩定結構，故雙質子或雙中子以上之同核子排列不安定且半衰期極短，這是為什麼原子核必是由質子與中子交替線狀排列。

在小原子序原子，中子數通常與質子數相等或多一個。氫一共有七個同位素，也就是除了無中子外，氫質子的上下前後左右各有六個位置可填入中子。而氕的研究可佐證敝人理論，氕的總自旋 S=1 表示其質子和中子 side-by-side 以同自旋方向排列才能產生相吸磁力。因此中子和質子排列時自轉取向與磁力相關聯。質子或中子均以同方向自轉因此彼此才有相吸的磁力能緊密連結，而原子核也會因為中子和質子產生的磁矩依長軸而旋轉。因為有質子之間庫侖靜電排斥力，若質子站在在一條線上而原子核又在旋轉，離心力將斥開質子。中子也是如此。因為中子具有磁矩，只有質子中子彼此相吸才可以排在一列上。另外，由於質子之間的庫侖斥力，質子不會形成球體狀結構，它們只能線狀排列。此外，在較重元素，需要更多的中子提供更多吸引性的磁力才能穩定原子核。這在偶數奇數核的原子尤其重要。中子過量重要的是要保持原子的穩定性。在重元素中，中子數是質子數的1.5 倍，這剛好是質子比中子磁矩的倍數，也就是說在重元素磁力越來越重要必須平衡。原子核磁矩也是電子軌道的重要因素。此外，如果有一個質子球那麼一些質子會隱藏在球心，質子的淨電荷將因為屏蔽效應被抵消。因此，線性排列像一個扁長橄欖球的形狀是最合理的結構。核旋轉時，細胞核會像扁圓月餅形狀。這種新的核模型解決了原子核形狀之謎。因為中子和質子之間的不平等的磁矩，會有一個淨原子核磁矩。為了對抗這種內在的磁矩，由於角動量守恆原子核將開始以長軸為旋轉平面旋轉，此

乃 Einstein-de Haas Effect。原子核旋轉必須生成才能使外層電子用兩個相反的方向繞核自旋。如果是偶偶核或奇奇核，質子和中子的自旋平衡磁矩相銷，沒有核自旋（角動量）。如果在奇偶，或偶奇原子核，中子質子之間有不平等的磁矩，會有額外中子或質子造成不平衡原子核磁矩。所產生的原子核旋轉磁矩是與固有核子磁矩相反的。在偶-奇，奇-偶核，核自旋不為零，這解釋了核磁共振的原理。重原子的原子核排列示意如下，每三質子多兩中子，中子質子同方向自旋產生相反磁矩：

```
     N        N
NPNPNPNPNPNP
          N
```

這個模型參考了順式反式異構物的一般情況以反式異構物較穩定而且較有對稱性，原因是中子都產生相同磁矩故需要盡量拉長中子-中子間距離避免其之間的磁力相斥。核殼層模型是目前比較流行的核模型。但是，我認為這是不正確的。如果核子形成一個圈，這些質子或中子產生的離心力會讓他們加速遷出核心。此外，核殼層模型不能解釋為何具有庫侖斥力的質子會聚在一起。由於其接近圓形的特點，殼模型也排除新添加核子的可能性。而且，在殼模型中，外層質子對內層質子由於屏蔽效果會減少原子核淨電荷。此外，由於盧瑟福的實驗，原子核是緊湊而無縫隙的。因此，核殼層模型是錯誤的。中子可看做有八膠子之質子加一個 Pi-介子，質子是 UUD，Pi-介子是 uD 小寫表反夸克，兩者加起來就是中子 UDD，自由中子會弱作用 Beta 衰變放出 Pi-介子。中子質量比質子大因此自由中子會衰變。質子中子透

過釋放或吸 Pi 介子互相轉換，經測不準原理於真空獲能量成 W-
玻色子，Pi-介子放出後做 Beta 衰變，再繼續往緲子與反緲微中
子衰變，緲子又衰變為電子、緲微中子、和反微中子，緲微中子
和反緲微中子相消，最後中子 Beta 衰變成質子、電子、和反微
中子。因此 SU(2)核力作用可以透過 Pi 介子做為核力結合中子質
子，SU(2)弱作用則產生電子構成原子。質子和中子同方向自轉
才可因磁矩連結，因此說核力是 spin dependent。而 Pi0 介子不
但可媒介質子間或中子間作用力，也可媒介質子-中子交互作用，
所以核力是 charge independent。又原子核內中子不衰變，但自
由中子質量大於質子，會因 Beta 衰變放出 W-玻色子。Pi 介子媒
介核子間作用力，中子質子間 Pi 介子可媒介吸引力，因此我們
可以把核內的中子或質子看成藏有一個 Pi0 介子，因此媒介連著
中子與質子的交互作用，這也是 SU(2)的量子強子力學。SU(2)有
二作用對象：質子和中子，有 2^2-1 個介子如 Pi+,Pi-,Pi0 與 2^2-1 種
同位旋 Tx,Ty,Tz，此 SU(2)等價於 Spin-1 SO(3)，也因此 3x3 同位
旋矩陣涉及夸克和膠子，Pi 介子是夸克(spin+1/2)和反夸克(spin-
1/2)和中性膠子(spin 1)複合自旋整數玻色子媒介核力，Pi 介子也
經希格斯機制得額外質量。因此 SU(2)核力作用可維繫原子核核
子，SU(2)弱作用製造電子，而 SU(3)量子色動力學強作用可維繫
質子和中子本身，QCD 場無散度此為 SU(3)的漸近自由，SU(3)媒
介中子和質子內夸克吸引力，最後 U(1)電磁力維繫原子的原子
核與電子。這三力都可由 Yukawa potential 描述。故膠子、W/Z
玻色子和 Pi 介子都可由 Yukawa potential 表示，因為此三種媒
介子都有質量故只能媒介短程作用力只能作用於原子核或核子
內，當距離增加作用力迅速減為趨近零，強作用力漸近自由有一

項觀念說強交互作用隨距離增加會變無限大，這是錯誤觀念，只有強作用力隨距離減小而變小，理由下述，強力與核力距離變小生斥力。Pi 介子，光子或膠子 spin=1 為奇數故有吸引也有排斥力。Pi 介子衰變如下：(e^-：spin+1/2, $\bar{v}_e$：spin+1/2 右旋向上因宇稱不守恆)

$$\pi^- \to \mu^- + \bar{v}_\mu$$
$$\mu^- \to e^- + \bar{v}_e + v_\mu$$
$$\pi^- \to e^- + \bar{v}_e$$
$$n \to P + \pi^- \to P + e^- + \bar{v}_e$$

中子與質子由夸克構成，關於漸近自由和夸克禁閉，以較簡單的介子來說，介子由一個夸克及反夸克對構成，若正夸克帶藍色，反夸克帶反藍色，其中中間連繫的膠子為反藍-藍膠子，同色荷相斥異色荷相吸。若中子的某藍夸克帶反藍-藍膠子(此由一個中性 Pi 介子提供)，則其反藍色荷會吸引鄰近質子的藍夸克，可是因中子藍夸克本身是藍色會與其所佔膠子藍色色荷發生排斥，SU(2) QHD 無散度，這就是 SU(2)核力漸近自由的原因使負β函數成立。同理在 SU(3)強作用力中，在一個藍夸克和一個綠夸克之間靠反藍-綠膠子和反綠-藍膠子兩個膠子媒介，由於色荷吸引和排斥關係，藍夸克含有反綠-藍膠子而綠夸克含有反藍-綠膠子，藍夸克帶的膠子反綠色色荷會使相鄰綠夸克產生吸引力，但藍夸克本身含的反綠-藍膠子的藍色色荷卻會造成本身排斥力，同理可用於綠夸克，如此可解釋漸近自由的產生，距離越小變斥力，也因膠子必有色荷-反色荷兩極，同理中子質子中一定有紅綠藍三色變白色，如同磁鐵必有南北兩極，磁場散度為零沒有磁單極，強力場(色荷)散度同樣也是零只有旋度(膠子自旋)沒有色

荷單極就像磁鐵一樣，產生了夸克禁閉。比較因為電場散度不為零因此沒有禁閉現象與漸近自由。中子或質子自旋為三同向夸克與反向介子自旋之和(3*1/2-1=1/2)，如此或解決中子或質子自旋之謎。磁必依附於電荷而存在，如同磁鐵為偶極矩當分裂膠子時會產生夸克反夸克對，而即使是中性膠子也需依附夸克色荷而不能單獨存在。

中子和質子的質量幾乎是相等的。在輕原子，質子質量數等於中子質量數。另外敝人著作提出旋力（Spinity）：

$$\text{Spinnity } F = \frac{SJj}{r^4}$$

然而，由於中子或質子具有非常小的質量（～10^{-27}kg），相較於中子或質子產生的電磁力來說，旋力是非常微小的。然而，由核產生的旋力可以幫助電子繞原子核公轉。另外，核產生的重力也將讓電子繞原子核軌道公轉。另值得一提的是電子尺寸比中子或質子大因此受力面積也大。

玻爾原子模型只考慮庫侖靜電力。然而，由於質子和中子具有磁矩，質子或中子產生的磁力不能被忽視。由於質子和中子旋轉在相同方向，但它們具有相反的磁矩。因此，它們可以對在軌道運動的電子產生相反的磁場。這是由於下面的公式：

$$\tau = mXB$$

$$F = \nabla(m.B)$$

質子的磁矩和中子的磁矩的磁場可以解釋兩個方向的公轉電子駐波。通過質子或中子產生的磁矩可以讓電子的軌道與質子或中子磁場對齊。通過質子或中子引起的力可以加速電子，讓

他們有足夠的軌道速度產生足夠的離心力與質子庫侖靜電力抗衡。最後，庫侖靜電力，磁力和離心力會達到一個平衡。

我們知道旋轉坐標系的加速度可由下推導：

$$\frac{d}{dt}f = \left[\left(\frac{d}{dt}\right)_r + \omega \times\right] f$$

$$V_i = \frac{dr}{dt} = \left(\frac{dr}{dt}\right)_r + \omega \times r = V_r + \omega \times r$$

$$a_i = \left(\frac{d^2 r}{dt^2}\right)_i = \left(\frac{dV}{dt}\right)_i = \left[\left(\frac{d}{dt}\right)_r + \omega \times\right]\left[\left(\frac{dr}{dt}\right)_r + \omega \times r\right]$$

$$a_r = a_i - 2\omega \times V_r - \omega \times (\omega \times r) - \frac{d\omega}{dt} \times r$$

我們可以將以上公式運用在原子模型中電子繞原子核公轉運動，$2\omega \times V_r$ 項就是原子核對電子的旋力但極微小，$\omega \times (\omega \times r)$ 項就是電子公轉產生的離心力與質子的庫侖靜電向心力平衡，最後一項歐拉加速度不考慮因為此不為變角速度運動。

根據玻爾的推論，電子圍繞質子旋轉是因為質子提供電力的向心力。向心庫侖力等於由電子的軌道旋轉運動產生的離心力。從慣性參照系來看，我們發現有電子的軌道旋轉時的向心力。但是，我們知道廣義相對論的等價原理。因此，從慣性參考系中觀察到的向心力實際上是作用於電子本身（加速參考系）的離心力。為了保持電子的軌道，向心力庫侖力必須等於電子的軌道運動離心力。離心力和庫侖力的平衡是非常重要的，因為電子的淨加速是零，電子不會輻射能量並落入核。我們可以推出淨向內/向外的力：Fio。

$$Fc = \frac{KQq}{r^2}$$

（K =庫侖常數，Q =質子的電荷，q =電子電荷，電子和質子之間距離=r）

$$\text{Net Fio} = \frac{KQq}{r^2} - mr\omega^2 = \frac{KQq}{r^2} - m\frac{V^2}{r} = 0$$

（W=電子的軌道角速度）

當角動量被量子化，則公式給出如下

$$r = \frac{nh'}{mV}$$

（n=主要量子數，h'=約化普朗克常數，m=電子質量，V =電子軌道的線速度，相對論下角度除以洛倫茲因子抵銷動量乘洛倫茲因子）

因此，我們可以得到：

$$\frac{KQq}{r} = mV^2$$

$$\frac{KQq}{nh'} = V = Ve$$

例如：在氫原子與 n = 1 的最內層軌道：Ve= 2.3 * 10 ^ 6M / 秒

因此，電子軌道的線速度是接近光速（3×10 ^ 8 /秒）。

目前最大的原子電子線速度比光速小。對於 atom118（Q = 118q 和 n =1）：

Ve= 118 * 2.3 * 10 ^ 6 = 2.7 * 10 ^ 8 /秒

值得注意的是，最大可能形成的原子是 Feynanium（Z = 137）。由於我的原子模型，如果原子序數大於 137 電子速度將超過光速。相比於 Dirac 方程，最大的原子 Unseptinum Z = 173。這是錯誤的，因為狄拉克方程是錯誤的。

旋轉電子總能量為：

$$\text{Total E} = \frac{-KQq}{r} + \frac{1}{2}mV^2 = \frac{-1}{2}mV^2 = -\frac{13.6ev}{n^2}$$

如果有相對論效應，我們將需要含伽瑪因子的公式。在一個更複雜的多電子原子，庫侖靜電力，磁力，和離心力必須處於平衡。但是，在一個靜態的核，則沒有磁力。因為磁力電的相對論運動效果。如果核旋轉，我們需要調整公式。公式應該是：

$$\frac{KQq}{r^2} \pm \frac{\mu Q_{m1}q_{m2}}{4\pi r^2} = mr\omega^2$$

基於 French AP 博士的推導，我們可以得到基準 S（X，Y，Z）和基準 S'（X'，Y'，Z'）之間的力。參考 S 包括相對移動電荷和參考 S'包括相對靜電荷。

$$x = \gamma(x' + vt')$$
$$y = y'$$
$$z = z'$$
$$t = \gamma\left(t' + \frac{vx'}{c^2}\right)$$

當電荷 g1 是以 V 速度（沿 x 軸）移動而電荷 q2 以 W 速度和相同的方向（沿 x 軸）移動，則：

$$W' = \frac{W - V}{1 - \frac{VxW}{c^2}} = \frac{dx'}{dt'}$$

動量 Py'= Py，然後 q1 和 q2 之間的力 Fy：（兩者有相同的電荷 q）

$$Fy = \frac{dPy}{dt} = \frac{\frac{dPy'}{dt'}}{\frac{dt}{dt'}} = \frac{\frac{dPy'}{dt'}}{\gamma\left(1 + \frac{Vdx'}{c^2 dt'}\right)} = \frac{\frac{Fy'}{\gamma}}{1 + \frac{v}{c^2}\left(\frac{w - v}{1 - \frac{vxw}{c^2}}\right)} = \gamma Fy'\left(1 - \frac{VxW}{c^2}\right)$$

由於 $Fy' = KQ^2/R^2$ 我們可以比較 Lorenz 方程式。我們可以看到 V * W / C^2 在兩電荷之間的相對運動過程中出現。這是磁力。因此，我們可以看到磁力僅僅是狹義相對論移動的電荷的影響。

當電子吸收光子能量，它可以增加其動能。然後，電子的線速度將提高，在離心力作用下讓電子跳到外軌道。在外軌道電子的軌道頻率等於吸收的光子頻率。然而，當電子在外層軌道，有力不平衡即離心力不等於庫侖靜電力，此時電子處於高位能態會傾向往低位能態運動。因此，由於加速度關係電子將開始輻射。以後，電子將回落到原來的內層軌道重新回復力平衡。勢能可以換為動能或光子能量。新原子模型也可以解釋里德伯公式。

磁力在新原子模型中有重要作用。在這個新原子模型，電場力和磁力被用作兩個平衡力來控制電子運動。

根據庫侖磁力定律，二自旋電荷間感應磁力是：

$$Fm = \left(\frac{\mu}{4\pi}\right) * qVs * \frac{qVs}{r^2} = \left(\frac{K}{c^2}\right)\frac{q^2}{r^2}Vs^2$$

如果成對的電子以相反的方向旋轉，它們之間的磁力是吸引力。我們可以推導淨力：

$$Net\ Fib = Fc - Fm = \gamma\left(1 - \frac{Vs^2}{c^2}\right)\frac{Kq^2}{r^2} = 0$$

（VS=電子自旋線速度）

電子自旋速度（Vs）若是光速即可克服排斥電力。因此，兩個電子之間的淨力接近於零。因為兩個配對的電子在不同方向旋轉，它們可以像兩個小磁鐵連接在一起。然而，兩個配對的電子之間的平衡及成對電子與成對電子之間的斥力將電子保持在軌道位置。

值得一提的是，軌道上配對電子（尺寸 10^{-13} 米）比原子半徑（尺寸 10^{-11} 米）來的小。若是兩個電子具有相反的自旋，此成對的電子單元就沒有磁矩。因此，由於電子自旋成對的電子和原子核之間沒有磁力。然後，在軌道上偶數成對電子處於平衡位置。而且，電子無淨加速且成駐波。

　　泡利不相容原理是說沒有兩個電子具有完全相同的量子數。如果兩個電子處於同一位置，其旋轉方向必須是不同的。但是，泡利不相容原理會造成 EPR 佯謬。 EPR 佯謬是說：如果我們搬走配對電子之一般到宇宙遙遠距離。如果我們檢查一個電子的旋轉方向，另一個電子的旋轉方向可以一次決定。因此，這違背了物理學的局部性原理。在這個新的原子模型，我們推斷出泡利不相容原理的原因其實只是自旋電子產生的磁力抵銷了庫倫靜電力。

　　電子自旋將讓他們成為一個小磁鐵。自旋方向可以決定磁場的方向。因此，兩個電子具有不同的自旋方向，因此它們可以聯接在一起作為兩個小磁鐵。兩個電子的不同自旋方向的吸引性磁力使它們在相同的軌道位置彼此耦合。如果兩個電子被分開時，兩個電子的自旋方向將被改變。它可以解釋為什麼泡利不相容原理是有效的。因此，EPR 佯謬就解決了。

　　從玻爾的推論：

$$E\ total = \frac{Re}{n^2} = \frac{-13.6eV}{n^2}$$

　　從此公式，我們可以推斷，半徑和主要量子數（n）之間的關係。當 n = 1，R 稱為玻爾半徑（r = 1 ^ 2）。當 n = 2，R = 2 ^ 2 = 4 玻爾半徑。當 n = 3，R = 3 ^ 2 = 9 玻爾半徑。當 n = 4，R = 4 ^ 2 = 16 玻爾半徑。我們也可以推斷出電子公轉半徑。從內到外軌道，半徑如 1，4，9，16，25，36 的兩個電子可以在相同的

軌道位置。所以魔術數字可以預言：2，8，8，18，18，32，32。
值得一提的是，電子形成駐波。駐波的形成是由於相對傳播的兩
波有相同的頻率和幅度互相抵消。舉例：在 n=2 的距離，電子
在順時針方向公轉（總共有 8 個電子）。另外電子在反時針方
向與在同一平面內逆向公轉（n = 2 的軌道，另一個 8 個電子）。
這是因為只有這樣才能讓形成駐波。因此，定態公轉電子不向外
釋放電磁能量沒有能量損失而原子可以極其穩定。目前量子力
學模型假設駐波的形成，但它沒有兩個相等波在相反方向上傳
播。因此，目前的量子力學理論不能產生實際的理想駐波。因此，
我們可以解釋反磁性的起源。例如 Ar 與它的電子構型：2,8,8。
在 n = 2 的軌道上的兩個節點，氬中的電子同時在順時針方向和
逆時針方向轉動。這些軌道電子不產生淨磁矩。因此，氬氣是一
般抗磁性。它也可以解釋為什麼 n = 1 的軌道只有 2 個配對電
子。在 n = 1 的軌道，只可以形成一個圓形波。因此，如果有兩
個波在相反方向上傳播。這兩個波將相互碰撞而不能形成駐波。
因此，在 n = 1 的軌道上，電子波只能運行於單一方向。因為電
子運動是像橫波，電子駐波存在節點。金原子（Au）的的電子組
態是 2, 8, 18, 18, 32, 1。在 n = 2 軌道，只有 8 個電子單方向運行
填滿此軌道。電子運動的物質波波長應與軌道長度相合。它在 n
= 1 的軌道上最小長度只有 2π。因此，僅一個配對的電子可以
允許在 n = 1 的軌道。僅僅是一個完整的圓。值得一提的是成對
電子位於駐波的節點。成對電子從位於右側和左側的其它電子
接收相對且相等的力。因此，不會產生淨力，並沒有淨加速度。
我的原子模型也可以解釋為什麼鋁（2,8,3）原子半徑小於鋰（2,
1）原子半徑。雖然 Li 原子有較少軌道電子，但 Li 原子和 Al 原

子的外層軌道電子均在 n = 2 的軌道，其能最大限度地包括 8 + 8 個電子。因此，並不奇怪，Li 原子半徑比鋁原子半徑稍大乃由於 Li 的外圍未成對電子從鋰原子核收到較少庫侖引力。這種現象不能用量子力學來解釋。量子力學的提出與電子的雙狹縫干涉有關，但波大略分兩種：需要介質的力學波和不須介質的物質波，物質波不需介質乃因其運動軌跡就成波的型態，這就解釋了電子繞原子核公轉為何有駐波而為何電子有雙狹縫干涉，不需要量子力學。

值得注意的是，多個電子在同一軌道的狀態。由於庫侖斥力，在同一軌道上的所有電子會相互排斥，以保持在同一軌道上彼此相等的距離。沒有淨庫侖斥力和加速度。這是因為各電子或一個電子對可以從它的兩邊得到相等且相反的庫侖力。因此，在原子軌道的電子是穩定的。

對於許多電子原子：

$$Total\ E = \frac{(Z-j)^2 Re}{n^2}$$

Z 是在任何給定的多電子原子之總質子數。j 是任何給定的多電子原子的總電子數而不含價電子。由於內殼電子有電磁屏蔽作用，價電子獲得質子靜電力，內殼電子應該總電量計算過程中被減去。這樣做了以後，價電子的軌道運動離心力仍與淨質子電荷的向心力平衡。用於多電子原子的估計的總能量相當準確。這意味著，這種新的模型原子也適用於多電子原子。

根據以往的量子力學，原子模型需要四個量子數。我的新原子模型，給了量子數新的意義。所述第一主量子數乃因為電子軌

道角動量量子化。第二角動量量子數應該沒有意義。量子力學說最小角動量量子數為零，這明顯違背測不準原理(L=xp≥1/2h')，故也是錯的。磁量子數 m 也被捨棄乃因為電子在同一平面內旋轉。因此，沒有必要進行電子軌道空間量子化。這四個自旋量子數 s 是因為電子以光速 C 自旋而電子的半徑為 h'/ 2MC。我的新模型不含量子力學的缺點。在此，用我的理論解釋 Stern-Gerlach experiment 可知電子自旋為+1/2h'或-1/2h'，當 Cu, Ag, Au, K, Na, Li 等原子高溫爐加熱後通過外磁場則因為這些原子最外層只有一個電子而會因為自旋分別為+1/2 或-1/2 分成兩束，當 Zn, Cd, Hg 等原子通過磁場則因為這些原子最外層有一成對電子而會因為自旋互相抵銷成為一束，當 Fe, Co, Gd, Mn 等原子通過磁場則因為這些鐵/反鐵磁性原子最外層有多個不成對電子而會因為自旋有的+1/2 有的-1/2 成為多束。最後，實驗氧原子(O)於 Stern-Gerlach experiment 會分成五束。敝人給出氧原子電子組態為 2,6 所以最外層有六個不成對電子，依自旋+1/2 或-1/2 則總外層電子自旋為-3,-2,-1,0,+1,+2,+3，但因為氧原子為順磁性去掉總自旋為零選項，最後剩下六種可能會分六束。另一種解釋，高溫氧原子形成氧氣分子則最外層電子剩 4 個，總自旋數為-2,-1,0,+1,+2 共五種成五束。

因為電子的線速度接近光速，我們應該使用相對論來調整能量公式。因此，

$$E = mc^2 * \left[\frac{1}{\left(1 - \frac{V^2}{c^2}\right)^{1/2}} - 1 \right]$$

$$\frac{v}{c} = \frac{alpha * Z}{n}$$

這個公式是非常相似於狄拉克的公式。我認為，狄拉克的公式只是一個近似值。事實上，我的能量公式是正確的答案。我們將需要使用泰勒級數來解決伽馬因子：

$$E = mc^2 * \left[\frac{1}{\left(1 - \frac{V^2}{c^2}\right)^{1/2}} - 1 \right] = mc^2 \left(\frac{1}{2}\frac{v^2}{c^2} + \frac{3}{8}\frac{v^4}{c^4} + \right)$$

第二項是相對論調整玻爾原子模型項。

此外，我們需要考慮的另一個調整項是自旋軌道耦合。因為電子具有自旋和公轉，它將具有磁勢能的調節項。基於畢奧-薩伐爾定律的二維磁場：（不需要托馬斯因子），

$$B_L = \frac{\mu_0 Z e}{2\pi m r^3} L$$

以及自旋電子磁矩是：

$$\mu_s = -\frac{e}{m} S$$

由於電子自旋軌道相互作用的總能量是：

$$E = \mu_s B_L = \frac{\mu_0 Z e^2}{2\pi m^2 r^3} (S \cdot L)$$

在這裡，我們知道電子自旋角動量 S 是 1 / 2h' 和電子軌道角動量 L 是 nh'。因此，我們可以解方程。最後，我們可以得到一個最終的能量：

$$E = -\frac{me^4Z^2}{2n^2h'^2(4\pi\epsilon)^2}\left[1 + \frac{\alpha^2Z^2}{n}\left(\frac{2}{n^2} - \frac{3}{4n}\right)\right]$$

這與索末菲公式以及狄拉克方程兼容。因此，我並不需要用狄拉克的量子數 j 和 m 得出最終的能級公式。

相比於狄拉克的公式：

$$E = -\frac{me^4Z^2}{2n^2h'^2(4\pi\epsilon)^2}\left[1 + \frac{\alpha^2Z^2}{n}\left(\frac{1}{j + 1/2} - \frac{3}{4n}\right)\right]$$

狄拉克能級頻譜鈉原子證實。鈉具有電子 2, 8, 1。基於我的原子模型，有最外層 1 個電子在 n = 2 軌道。如果我們在上面的兩個公式令 n= 2 且 j = 3/2，我們可以得到相同的結果。因此，我的原子模型是成功的預測鈉能級頻譜。

最後，敝人想補充洪德法則在敝人新原子模型的合理性。當一個原子最外層軌道電子數較少時，代表其開始只有少數電子在最外層軌道產生小的磁矩，此時內層軌道傾向需要電子兩兩成對用掉越過自旋軌道耦合所需之能量，才能開始排列在能量更大的最外層。舉例來說： Cu 的電子排列是 2 8 18 1，因此內層電子是 2 個、4x2 個、和 9x2 個已經成對的電子，因為內層電子是軌道的成對電子故為反磁性。當外加磁場因為 Einstein de Haas effect 軌道成對電子會因角動量守恆與外加磁場反向公轉來抵禦外來磁場，這是反磁性的成因。同理可見於 Ag 2 8 18 18 1, Au 2 8 18 18 32 1, Zn 2 8 18 2, Cd 2 8 18 18 2, Hg 2 8 18 18 32 2，他們的特點都是內層電子多(電子海)，可成軌道成對電子公轉，

而最外層自由電子數少而易丟失。而當原子的最外層電子超過半滿或近全滿時，最外層電子因為庫倫電力的排斥力倆兩相斥，使得最外層電子以不成對電子的極大化自旋來排列，這就是洪德法則第一原則。另外其內層電子因為最外層電子極大的磁矩也傾向對齊其最外電子磁矩而使得內層電子變成極大自旋的不成對電子，此可以解釋鐵鈷鎳為何具有鐵磁性的由來。舉例來說： Fe 2 8 16，Co 2 8 17，Ni 2 8 18 其最外層分別有 16、17、18 個不成對電子，有極大電子自旋磁矩造成鐵磁性。此理論可解釋為何釹磁鐵（Nd 2 8 18 32）是目前發現最強力的磁鐵。順磁性的來源則是電子有不成對自旋狀態者如 Li 2 1, Na 2 8 1, K 2 8 8 1, Rb 2 8 8 18 1, Cs 2 8 8 18 18 1 等，特點是內層電子沒那麼多或是已形成兩相反方向完美駐波，而比之於 Cu Ag Au，鹼金屬沒有內層成對軌道電子而加上最外層自旋電子而成順磁性。而此也可以解釋為何 Pt 2 8 18 18 32 以及 Pd 2 8 18 18 為順磁性，因為內層 8 電子以最大自旋排列而有磁性，另外反鐵磁性原子有 Cr2 8 8 6，Mn2 8 8 7，輕鑭元素(La2 8 8 18 18 3，Ce2 8 8 18 18 4，Pr2 8 8 18 18 5，Pm2 8 8 18 18 7，Sm2 8 8 18 18 8，Eu2 8 8 18 18 9)等，因為內層電子已經全滿無磁矩故最外層電子以交錯自旋排列減低磁性而為反鐵磁性。而 Kr 2 8 8 18 則是因為內層電子已經兩兩成對無磁矩，故最外層電子也傾向兩兩成對無自旋磁矩類似銅原子的狀況。此解釋為何遞建原理和洪德法則成立。同理可見 He 2, Ne 2 8, Ar 2 8 8, Kr 2 8 8 18, Xe 2 8 8 18 18, Rn 2 8 8 18 18 32, 其外層電子受內層成對軌道電子排列的影響而也成軌道成對電子排列或成兩反向完美駐波，因此惰性氣體也成反磁性。

在這裡，我也想解釋克萊因-戈登（Klein-Gordon）方程只能用於介子或膠子媒介的作用力而不用於質子與電子間的電磁作用力。Klein-Gordon 方程是

$$\left[\nabla^2 - \frac{m^2 c^2}{h'^2}\right] \varphi(r) = 0$$

它可以從薛定諤方程的相對論版本中導出：

如果我們考慮屏蔽庫侖勢的概念，我們仍然可以得到克萊因-戈登方程。

屏蔽的庫侖方程是

$$[\nabla^2 - k^2] \varphi(r) = \frac{-Q}{\epsilon} \delta(r)$$

$$\varphi(r) = \frac{Q}{4\pi\epsilon r} e^{-kr}$$

$\delta(r)$=無限大當 r = 0 或 $\delta(r)$= 0 如果 r> <0

由於不相鄰的作用力子之間的距離不為零。因此

$$[\nabla^2 - k^2] \varphi(r) = 0$$

kr= R / R$_0$

由於作用力子半徑= h'/ mc= R$_0$

kr = R /（h'/ mc）=（mc /h'）*R。因此，k=mc/h'。

因此，

$$\left[\nabla^2 - \frac{m^2 c^2}{h'^2}\right] \frac{Q}{4\pi\epsilon r} e^{-mc/rh'} = 0$$

另外，我們知道，湯川勢的公式為

$$V(r) = \frac{-g^2}{r} e^{\frac{-r}{d}}$$

（d：介子半徑= h'/ mc(代表 spin-1)，g：偶合常數）

使用我的原子模型，可以導出 Klein-Gordon 方程。克萊因-戈登方程的解非常相似狄拉克方程。然而敵人認為克萊因-戈登方程只能用於具質量的 spin-1 玻色子（如 Pi 介子或膠子）而其解是作用力子的屏蔽庫侖勢。若應用於膠子和介子似能解釋為何強交互作用和核力是短程力。

電子半徑

r= h'/ 2mc

電子直徑

d= h'/ mc

我們也可以使用康普頓散射以獲得粒子半徑。康普頓散射方程是：

$$\lambda' - \lambda = \frac{h}{mc}(1 - \cos\theta)$$

在散射，存在相位延遲，其為輸入波和輸出波之間的差異。這意味著光子穿過粒子球體的延遲。相位延遲為

$$\frac{2r(n-1)2\pi}{\lambda}$$

r 是粒子半徑，n 是折射率。當光子通過顆粒直行，輸入角度 θ i= 0

$$n = \frac{\sin\theta i}{\sin\theta r} = 0$$

這意味著，不存在折射。因此，康普頓散射時的相位延遲是

$$\frac{4\pi r}{\lambda} = \frac{\Delta\lambda}{\lambda} = \frac{\lambda' - \lambda}{\lambda}$$

與康普頓散射方程比較，我們讓：

$$4\pi r = \frac{h}{mc}$$

因此，

$$r = \frac{h'}{2mc}$$

因此，有康普頓波長（h'/ mc）和費米子大小之間的關係。我的推導與實驗觀察相符。

因此，

$$r * mc = \frac{1}{2}h'$$

相較於海森堡的位置動量不確定性原理，我們可以以 mc 作為動量不變：

$$\Delta X * \Delta P \geq \frac{1}{2}h'$$

我們可以找出很大的相似！我們可以看到基於不確定性的原則粒子半徑的天然限制。△P 最大無法超過 mc。因此，粒子尺寸（半徑）必須有一個限制：

$$\Delta X \geq \frac{h'}{2mc}$$

因此，粒子的尺寸必須超過 h'/ 2mc，即康普頓縮短長度（Reduced Compton Wavelength）。因此，基本粒子的尺寸（直徑）必須大於 h'/ mc。因此，舊的理論說電子的經典半徑為：

$$r = \frac{e^2}{Kmc^2} = 2.8 * 10^{-15} \text{meter}$$

這根本達不到電子的康普頓縮短長度。這意味著經典電子半徑是錯誤的。經典電子半徑是基於假設電子的尺寸乃源於電子質能與電勢能完全相等。這是一個錯誤的假設。質量和電荷是兩個不同的實體。因此，降低的康普頓波長實際上才是電子的直徑。質子和中子亦如此。質子和中子的直徑是康普頓縮短波長。它們的直徑不應小於它們的康普頓縮短波長。

量子力學推測，電子的相速度不等於群速度。然而，在原子上不會有色散現象。因此，我們怎麼能說電子波的相速度是電子波的群速度不同。其實我覺得電子的群速度與相速度是完全一樣的。如果我們接受這個事實，電子群速度是相速度，薛定諤和狄拉克方程就有嚴重的缺陷。薛定諤和狄拉克方程的原理假設是，電子波能量可以通過普朗克定律來描述：

E= hf（f =電子波頻率）

根據德布羅意的假說，物質波的波長為：

$\lambda = h / P，P = \gamma mv$

因此，$E = hf = hv/ \lambda = \gamma mv^2$

根據愛因斯坦的狹義相對論，運動電子的總能量為：

$E = \gamma mc^2$

我們可以看到，這兩個等式的差異。電子移動速度不等於光速 c。電子波的能量不能由 E = hf 進行說明。

如何用量子力學描述靜止電子的情況呢？

$E = hf = h * 0 = 0$

這完全違背休息粒子 $E = mc^2$ 狹義相對論的結果。即使我們使用了狄拉克方程，我們仍然得到錯誤的結果。

因此，薛定諤和狄拉克等式低估電子的總能量。薛定諤和狄拉克方程的基本假設是完全錯誤的。因此，量子力學是錯的！電子軌跡為物質波解釋雙狹縫干涉而靜止電子無波於觀察狀態。

基於四動量洛倫茲不變性：

$$E = \sqrt{(mc^2)^2 + (pc)^2}$$

當靜止質量 $m = 0$ 時，如在光子

$E = Pc = hc / \lambda = hf = h'w$

當靜止質量 m 不為零，例如電子

$M = E / c^2 = P / v$ 那麼 $Pc = Ev /c$，$E = \gamma mc^2$

此外，近來證明海森堡的矩陣力學不等於薛定諤的波動方程。因此，存在海森堡的公式和薛定諤的公式之間的不一致性。這是量子力學中的一個重大缺陷。並且，所謂 Bremssttrahlung 現象說明電子能夠發射連續光譜的電磁輻射。它直接反對薛定諤和狄拉克方程說，電子只有離散的能量。在薛定諤方程中，符號 Ψ 被定義為概率或波幅。然而，Ψ 實際上在薛定諤方程是一個複數。複數如何描述薛定諤方程概率波幅？量子力學是錯的！

海森堡的不確定性原理說，我們無法預測電子在原子的精確位置，因為光子將與電子干涉。然後，薛定諤博士利用波概率函數提出了他的原子模型。然而，概率有嚴格的限制。它會導致像薛定諤的貓和量子力學邏輯問題的悖論。而且，很難想像電子真能有奇怪的軌道形狀，如從薛定諤的原子模型中的啞鈴或雙

重甜甜圈型旋轉。量子力學需要哥本哈根解釋說觀察期間的波函數坍縮。它說，物理定律和事實受觀察對象而改變。它不是真理。由於波函數坍縮這種哥本哈根詮釋不能被大多數科學家所接受，因而產生其他的量子力學解釋，如一致性歷史，多世界假說，類似詮釋，退相干，意識造成坍塌，目的崩潰論，多心靈理論，量子邏輯，波姆解釋，不完整測量，和關係性量子力學。這些理論相互攻擊且沒有在科學界普遍接受。我認為他們沒有一個是正確的。此外，量子力學需要假設絕對時間。量子力學分別處理空間和時間，而不是以時空作為四維度結構。此外，狄拉克旋量沒有任何幾何意義。這裡提出的這新的原子模型可讓原子回到經典物理學。不確定性原理只是觀測物理的限制，但它不能被看作是一個管轄真正的原子軌道的定律。我相信，敝人這個新的原子模型為真。

最後補充說明，當初拉塞福-波爾模型被認為是錯的乃因軌道運行的電子會因加速放出輻射最後失去能量墜入核中，這觀念才是錯的。根據電荷相對論，電磁場只是時空撓率。而廣義相對論指出重力是時空曲率。其實所有場力都可視為假想力，其實只有力場的曲率和撓率。當電子在軌道圓周運動會有越繞越大圈的傾向，產生外擴使時空平坦的曲率，這就是被視為假想力的離心加速度。質子與電子撓率場交互作用產生向心的曲率，正好與此離心的曲率互相抵消，因此電子處於類失重的靜止狀態好似自由落體的狀態，這也就是愛因斯坦的等效原理。電子繞核不會放出電磁輻射墜入核中如同地球繞日不會放出重力輻射墜入太陽，道理相同。至於為何非慣性系會有假想力，敝人在此提一假說，加速的物體作用在時空會使時空線性排列的普郎克細

胞相應產生反向加速度場類比作用力反作用力原理，好比簡諧運動彈簧被壓縮會產生一回復反彈力(真空零點能意味真空質量能量密度不為零則虎克定律適用)，因此相應向心加速度產生離心加速度，或自由落體時相應重力加速度產生向上加速度，此外簡諧運動也可和等速率圓周運動相對應，解釋此失重情況。自然物依據能量守恆有二屬性:慣性和彈性。慣性是抗拒運動狀態改變的性質而對應動能，彈性是抗拒形狀改變的性質對應位能。

再詳細解釋這個概念，液體產生的浮力可類比於彈力恢復力，當一個皮球落入水中半沉半浮，其施予水的重力激起水的反作用力彈力恢復力施於皮球:F=G。作用力大小與反作用力同。當一個自由落體的電荷質點(想像同巨觀世界自由落體的蘋果)，其會向下壓縮自由空間的普郎克空間產生彈力(普郎克空間在光經過時會有 SHM 簡諧運動)。空間為理想彈性體符合:連續性、完全彈性、各同向性、均勻性。此時我們要用達倫貝特虛功原理(類似熱力學第一定律，根據能量守恆一平衡系統中(動態或靜態)功的變化量為零): $\delta W = F * \delta r = (f + I) * \delta r = 0$。

虎克定律:

$$F = -kx$$

普郎克空間加速度:

$$a = -l_p \omega^2$$

電荷質點的重力 f 與其壓縮線性排列普郎克空間的反作用力 I 大小相等方向相反:f-ma=f+I=0。故上面虛功原理成立。牛頓所謂的假想慣性力其實就是這種壓縮普郎克空間的反作用力，同樣例子也可發現於愛因斯坦描述等效原理的電梯思想實驗。但若電荷質點靜止在地面其重力 F=mg 不為零，但是此時重力向

下不會壓縮地面造成形變的彈力正向力向上與重力大小相等方向相反 f+I=0 且因小形變虛位移不為零 δr>0，此時虛功原理依然成立。愛因斯坦的電梯思想實驗也描述過。在電子繞行原子核之情況，原子核對電子產生向心力 f，而自由空間中電子公轉向內壓縮線性排列普郎克空間產生反彈離心力 I，此時 f+I=0。且由於力與虛位移(位移於公轉軌道)成九十度故虛功原理仍然成立。所以公轉電子不會放出電磁輻射。公轉電子因為合力 F=0 因此不放出輻射，發展量子力學的初衷因此不成立。上述牛頓第三作用力反作用力不管是慣性系或非慣性系都成立，但牛頓一二定律只在慣性系成立，某甲觀察蘋果落地為慣性系故只能看到 f=mg 牛頓第二運動定律成立，某甲又觀察靜止地面蘋果也為慣性系故看到蘋果靜者恆靜而牛頓第一定律成立。f+I=0 也可用於科氏力與科氏加速度力的關係。同因能量守恆，虛功原理可導出拉格朗日方程。而虛功原理可適用於非保守力而比最小作用量原理更基本。原子論中，原子結構中公轉的電子是懸空在自由空間的，即使此原子靜止地球表面而有作用於電子的重力，但虎克定律之彈性仍會產生自由空間反作用力假想力抵銷重力，因此電子仍沒有淨加速度使它們放出電磁輻射來使原子維持穩定。

在此額外補充有關正向力的概念，根據狹義相對論沒有絕對剛體，剛體會因兩物形變受到屬於彈力的正向力，但所謂動摩擦力和靜摩擦力都正比於正向力，其實精確地說應是正比於物體的重力(大部分情況)，搬動桌子時把抽屜的東西清掉較好平行搬動，其實就是減輕了桌子重力因而減輕摩擦力，而摩擦力轉為熱則可由益魯霍金效應得到。摩擦力與物質間吸引性的重力相關而與電磁力較無關。而且目前說法摩擦力源自物質間電磁吸

引力而正向力來自物體形變的反彈彈力，兩者並無法連結出因果關係。(μ為動或靜摩擦係數)

$$F \propto \mu * mg$$

按照敝人原子模型，電子以組態 2 8 8 18 18 32 32 來繞原子核公轉，類比於一個均勻帶電荷的直流電環狀線圈以等速率繞圈，若說這是圓周加速度運動一定會放出電磁輻射合理嗎?哪裡有直流電線圈會放出電磁輻射?

再者，可用相對論加速度四向量來檢視是否放出電磁輻射:

加速度四向量:

$$A = \left(\gamma^4 \frac{a \cdot u}{c}, \gamma^2 a + \gamma^4 \frac{a \cdot u}{c} u \right)$$

當加速度 a=0 如靜止於地表或等速度坐標系，或是 co-moving refernce frame u=0 如同自由落體下落觀察者，或是等速率圓周運動 a 垂直於 u 則加速度和速度的點積為零。此時加速度四向量:

$$A = \left(0, \gamma^2 a \right)$$

再看能量動量四向量:

$$P = \left(\frac{E}{c}, p \right)$$

四維加速度時間項為零其實對應能量動量四向量的能量項為零，在這些情況下運動物體都沒有放出能量即電磁能量，所以等速率圓周運動的電子繞核公轉根本不會放出輻射最後墜核。吾人可用這四維加速度操作解決重力場中電荷輻射悖論。

我們再回到經典電磁學來看電磁輻射產生的最根本原理，馬克士威用其方程組推導出時變的磁場產生時變的電場，而時變的電場產生時變的磁場，如此不斷的循環而產生電磁輻射，因此時變的磁場和電場是電磁輻射產生的最重要原因。而敝人原子模型中電子繞原子核等速率圓周運動猶如直流電線圈根本只能產生固定的電場和磁場而不是時變的電場和磁場，因此根本不會有電磁輻射產生。之所以有加速度電荷會放出電荷輻射的說法是因為加速度是速度對時間微分，因此有加速度一般來說就代表有速度的時變性，而磁場的來源是根據畢奧沙伐定律是正比於電荷乘上速度，故速度有時變性可推得磁場也有時變性，再根據馬克士威方程組的操作就可得電磁輻射。但是在電子繞核作等速率圓周運動情況，速度的大小並不改變甚至磁場的方向都不改變，這情況下如何能有時變性磁場而後產生時變電場更不會有後續電磁輻射，因此電子不會墜入核中。

以下附圖為氬原子(Ar18)的結構示意圖，值得注意的是原子核為清楚描述18個中子(N)和18個質子(P)而畫較大較長，其實原子核比例應較更小。中子和質子自旋方向相同而產生相反磁場可吸引彼此降低勢能，而成對電子(e)彼此自旋相反才能產生相吸引磁力抵銷彼此庫倫靜電斥力，這是包立不相容原理來源。在n=1的軌道，最多含一對電子成為正圓形駐波。在n=2軌道，則可形成兩個公轉方向相反而錯開不互撞的駐波，含2x(4x2)=16個電子，氬原子(Ar18)共有18個電子。電子的大小比中子或質子大，而中子與質子大小相似。

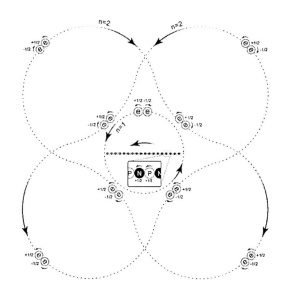

參考文獻

1. N. Bohr, Nature 92, 231 （1914）

2. N. Bohr, Philosophical Magazine 26,1 （1913）

3. W. Heisenberg, Zeitschrift fur Physik 43,172 （1927）

4. A. Einstein, B. Podolsky, and N. Rosen Phys Rev 47: 777
（1935）

5. DJ Griffiths, Introduction to Quantum Mechanics （2nd ed）
（2004）

6. B. Mashhoon, FW Hehl, and DS Thesis, General Relativity and
Gravitation 16, 711 （1984）

7. LD Landau and EM Lifshitz, The Classical Theory of Fields
（1975）

化學鍵（Chemical bond）

　　此節，我想討論用這個新的原子模型來說明化學鍵理論。量子力學有自己的方法來解釋化學鍵的形成。敝人的新原子模型可以更好的解釋化學鍵形成。在這一新的原子模型有兩大化學鍵的形成模式。傳統的化學鍵有離子鍵和共價鍵。在傳統的共價鍵，電子可以在相鄰的兩個原子通過形成量子化的分子軌道「共享」。我覺得這個概念是不正確的。在這種新的原子模型，這兩種化學鍵的區別應予以修訂。首先，化學鍵可以由受方原子接受來自供方原子的多餘電子而形成。第一個原則叫滿足中心原則。例如：氯化鈉。在鈉原子的最外層軌道有一個額外電子。而有 7 個電子在氯原子的 n = 2 軌道。因此，鈉原子的額外單電子將進入氯原子的最外軌道。這可以解釋路易斯八隅體規則的由來，因為完整的 n = 2 的氯原子最外軌道需要 8 個電子。然後，給電子的 Na 原子是相對正電性和電子收受者氯原子是相對負電性的。因此，鈉原子和氯原子可以彼此結合。我們還可以看 O = C = O（二氧化碳分子）的例子。每兩個氧原子捐贈兩個電子到中心碳原子，所以中央的 C 原子可以有一個完整的 8 個電子在其外層軌道。值得注意的是，所有的 8 個電子中的 C 原子的外層軌道必須在碳原子的相同的平面旋轉。因此，每個 O 原子應該是在同一水平面與 C 原子相接，捐獻兩個電子到 C 原子上。不過當然由碳與氧的氧化數來看，也可說是中心碳原子分別提供兩個

電子給左右兩個氧原子，使左右兩個氧原子滿足最外層駐波八個電子，這三個原子依然共線，這可以解釋為什麼二氧化碳分子是線性的形狀。在我的新原子模型，沒有 π 鍵也沒有 σ 鍵。也沒有所謂分子雜化軌道的超共軛。因此，它可以解釋為什麼所有的雙鍵和三鍵總是形成於同一線或平面上，尤其是像苯的化學結構。

　　在化學鍵形成的第二機轉，敝人稱為分散四方原則。比方說是 CH4 分子的這種化學鍵結構。在甲烷分子，中心碳原子分別捐贈 1 個未成對電子給四方每個氫原子，因此每個氫原子可滿足最外層兩個電子形成駐波。C 原子的各電子可以與每個氫原子的一個電子形成化學鍵。因此四個化學鍵將形成。此時氫原子氧化數-1 如同於 NaH 中，而碳原子氧化數+4。然後，根據 VSEPR 理論，所有的 4 個 H 原子會相互排斥。因此，甲烷分子將成為一個金字塔的形狀有 109 度的鍵角。它可以幫助解釋為什麼甲烷有沒有 90 度的鍵角。由 VSEPR 理論金字塔的形狀比平面形狀更有利形成。我們知道 CCl4 一樣是四面體結構，中間的碳原子各提供一個電子給四方最外層軌道含 7 電子的氯原子，使氯原子最外層軌道充滿八個電子形成完美駐波，與前述第一種 O=C=O 電子給中心碳原子相反，電子分散給了 CCl4 四方的氯原子而其多電子彼此相斥不在同平面，因此成了金字塔結構而非平面結構。這第二機轉可以解釋為什麼看不到 CNa4 或 CK4 分子的形成。這就是為什麼雙鍵或三鍵必須通過捐贈多餘的電子從捐贈者到接收者的外軌道形成在共線或共平面上以滿足八隅體規則。但是，也有一些例外，此第三種機制為正負離子相吸。例

如，穩定的 H 2 +離子。只有一個電子在兩個相鄰的氫原子之間。此一電子屬於其中一個 H 原子核，而另一個氫原子成為帶正電離子，兩者由庫侖力吸引。因此，該離子仍然可以形成。另一個例子是 He2 +離子。總共有三個電子，有一個未成對電子和 He2 +離子的兩對電子。成對的電子屬於一個 He 原子。另一個 He 原子成為陽離子，兩者以庫倫力相吸引成為兩個 He 原子的化學鍵。因此，He2 +是順磁性。 因此，H2 +和 He2 +的鍵級為 0.5。我的原子模型可以很容易地解釋奇怪的分子，如 CH5 +，CH62 +，B 2 H 6，的 Al2（CH3）6，或 B6H7-。比如說 B 2 H 6，兩中心的硼分別提供一個電子給圍繞的三個氫原子，而中心的硼與氫原子再以庫倫力相吸。

　　我也可以解釋 C2H4 分子。我們可以重寫這個分子 2HCCH2。在兩個碳原子之間的雙鍵。正如我前面所說，雙鍵必須形成在同一平面或同一線上。從而 C = C 是在同一平面上。雙鍵或三鍵中一個原子須滿足電子最外軌道駐波。此外，對於一個 C 原子的 2 個 H 原子捐贈兩個電子。在這一個 C 原子，它的外層軌道滿足八隅體規則。因此，無論是兩個 H 原子和一個中心 C 原子都是在同一平面上。在另一個 C 原子，C 原子再各提供一個電子給連接的兩個 H 原子形成化學鍵。由於 VSEPR 理論。C = C 是在同一平面上，這兩個碳原子上的質子的部分，可以在同一平面上。因此，當兩個 H 原子與第二個 C 原子形成化學鍵，它們也與這個第二個 C 原子在同一平面上。這也是如果其它兩個氫原子是在同一平面上，鍵角將是 120 度和 180 度。如果兩個 H 原子和相鄰的 C 原子要形成金字塔形狀，鍵角將小於 120 度和 180 度

使得排斥變大。因此，金字塔狀的形狀是不可能的。這可以解釋為什麼 C2H2 分子是平面分子。它也可以解釋為什麼苯 C6H6 是一個平面分子。

因此，我們不需要分子雜化軌道，或 σ 和 π 鍵來解釋分子的形狀。不存在超共軛理論，所以乙烷的鍵旋轉勢是完全由於空間位阻。我們也可以使用這個新的原子模型來解釋為什麼 O2 分子是順磁性。O2 的劉易斯構成是 O = O。在我的預測中，有 8 電子在一個氧原子上。在另一個 O 原子，有四個未成對電子引起 O2 順磁性。當兩個氧原子都滿足對方，使一個氧原子以滿足八隅體規則的最快方法是將兩對電子從供體轉移到受方原子。因此，一個氧原子有四個成對電子而另一個氧原子有四個未成對電子。我們還可以預測 NH 3 的結構。N 原子有五個電子其中包括一個成對電子和三個未成對電子。N 原子各供應一個電子給三個氫原子分散四方形成化學鍵。因此，NH 3 的結構是一個金字塔形狀而非平面狀。這是由於 N 原子的預先存在的電子配置，新的 NH 3 分子不為平面分子。其實越多原子滿足最外軌道電子駐波能量越小越穩定。

我可以解釋不能由路易斯八隅體規則來解釋的高價分子，如 PCl5，SF6 或 PO4 $^{3-}$。五氯化磷中心原子有 10 電子不能由路易斯八隅體規則來解釋。它的存在是一個長久的困惑。在每個 P 原子中，有 5 個未成對電子。因此，可以捐贈 1 未成對電子予各 Cl 原子形成 5 個化學鍵滿足 Cl 原子八隅體。這也同樣發生在 SF6。由於 VSEPR 理論，所有的氯原子或氟原子會相互排斥，形

成多面體結構。磷酸鹽也可用此新化學鍵理論解釋。P = O，可以在同一平面形成雙鍵（P 原子捐贈兩個電子給氧原子，讓氧原子共有八個電子在其外層軌道）。此外，P 原子剩下的 3 個未成對電子能夠形成與其他三個氧原子形成第二種類型的化學鍵。因此，磷酸鹽可以形成四面體結構。高價分子的困擾就解決了。若我們採用第二種化學鍵電子分散四方原則，硫原子外層六個多的電子分別給予六個氟原子使氟原子滿足最外層軌道八個電子的完美駐波，多電子的氟原子彼此相斥，我們就能解釋 SF_6 的八面體結構，同理可解釋 PCl5 的三角雙錐結構。

　　在這裡，我也想談談化學極性的起源。化學極性可來源於化學鍵的性質。例如：氯化鈉。鈉原子的電子被捐贈給氯原子的外層軌道，充分了 8 個電子。然後，鈉原子失去一個電子成為 Na^+ 而氯原子得到一個電子變成 Cl^-。同理可解釋 HF。在 NaCl 分子，這將導致該分子內的化學極性。在其他類型的化學鍵如 CH_4，C 原子為 4 個未成對電子與 4 H 原子各提供一個電子形成鍵結。最後，它形成了一個金字塔結構。這樣的 CH_4 的結構對稱，所以沒有化學極性。在其他的例子如 CO_2（O = C = O），中央碳原子分別給 2 個電子給左右的兩個 O 原子。因此，中央的 C 原子應該氧化數是+4 而氧原子氧化數-2。然而，在 CO_2 分子是線性的，所以右側極性抵消左側極性。CO_2 的淨化學極性仍然是零。最後，我們可以看看分子 O_2（O = O）和 N_2（N ≡ N）。目前，科學家們認為這兩種分子是非極性的。然而，我的新化學鍵理論，一個氧原子捐贈兩個電子到另一氧原子形成 8 個電子在其外層軌道。而且，一個氮原子捐贈三個電子到另一氮原子形成 8 個電子在

其外層軌道。因此，氧原子或氮原子有收或受。因此，在我的模型，我預測 O_2 和 N_2 分子有化學極性。一個新的研究證實了我的假設。雷射光誘導外加電場會引起 N_2 或 O_2 分子排列。這表明，我的模型是正確的。[1]

　　我的原子模型也可以用於在現代化學各方面。 首先，金屬的顏色可以解釋的。根據我的原子模型，Au（金）電子配置 2, 8, 18, 18, 32, 1。它有 2 個電子在 n = 1（r = 1）的軌道，8 個電子在 n = 2（r = 4）軌道，36 的電子在 n = 3（r = 9）軌道，32 個電子在 n = 4（r = 16）軌道，並以 n = 5（r = 25），軌道有 1 個單電子。因此，當單個電子跳躍從 n = 5 到 n = 6 的軌道，它給出了金黃色。無量子力學 S 或 D 軌域的必要。

　　第二，過渡金屬的結構可以解釋的。過渡金屬結構主要分兩種。一種是金字塔，而另一個是正方形平面。例如：$Na^{2+}[Ni(CN)_4]^{2-}$ 是一個正方形平面。根據我的原子模型 Ni 配置為 2，8，8，10。請記住，所有的電子都在同一平面上。因為，四個 CN^{1-} 各提供了兩個未成對電子（2x4=8）。因此，Ni 最外層軌道將有 18 個電子位於同一平面。因此，所得到的結構將變成正方形平面。 $[CoCl_4]^{2-}$ 是一個金字塔形狀。 Co 的電子配置是在我的原子模型是 2，8，17。Co^{2+} 是 2，8，15。它具有在最外層軌道 15 未成對電子。Co^{2+} 不使用 15 個未成對電子來結合 Cl^{1-}。Cl^{1-} 多的電子是分散給四個氯離子分別使這四個彼此相斥氯離子完成最外軌道完整駐波，因此成為四面體結構。由於 Co^{2+} 的 15 個未成對電子不結合，鈷和氯之間的化學鍵不局限於鈷原子的平面。所有

Cl^{1-}將排斥彼此形成一個三維金字塔結構。並且，由於 [CoCl$_4$]$^{2-}$仍然有 15 個未成對電子，它是鐵磁性的。你可以由此規則預測能形成平面正方形結構的其它金屬，如 Pd^{2+} 2,8,18,16）;的 Pt^{2+}（2,8,18,32,16）; Au^{3+}（2,8,18,32,16）。 它們都使用 16 個未成對電子來做 n = 4 的金屬最外側軌道的第一型化學鍵結合，形成一個正方形的平面。

　　第三，我的原子模型也可以解釋能帶結構。 在所謂金屬鍵尤其銅系金屬，強烈的正電荷原子核吸引另一原子的電子形成鍵結屬於第三類鍵結。例如，銅，銀，金都有一個自由電子在最外層軌道上。這些自由電子形成電子海。然而，這種單電子只從金屬原子接收微弱的庫侖引力，因為有很多的內層電子抵消吸引力。此外，單一自由電子容易受到外力或外部輻射（光電效應）的影響。因此，單個電子是可自由移動的，被稱為自由電子。當外部施加電流時，自由電子可以導電。因此，它可以解釋為什麼金屬是導電的。我們也可以解釋為什麼金剛石是不導電的和石墨是導電的。鑽石每個碳原子使用四個未成對電子結合其他碳原子的其他未成對電子，有的是供給碳原子是將四個價電子分別供一個給相鄰的接受碳原子，使接受碳原子滿足八耦體駐波而供給碳原子丟掉四電子也成為駐波，形成一個金字塔形結構。因此，這種化學鍵是非常穩定的。 沒有自由電子產生的。因此，金剛石是不導電的。然而，在石墨，從每個 C 原子只有三個電子被用於結合其他三個相鄰的 C 原子而形成一個平坦層結構。石墨的供給碳原子其中一個電子為游離自由電子而其他三個價電子中，分別供給一個價電子給相鄰接受碳原子，接受碳原子沒

有游離自由電子所以可以形成最外軌道八耦體駐波，最後形成
六角形平面結構。層與層之間，一個單一的電子非常類似於金屬
的自由電子。因此，石墨或單層的石墨烯是導電的。這種新的原
子模型可以很好地解釋不同的分子的導電性！我的原子模型和
化學鍵理論可以取代目前的電子能帶結構的理論。沒有必要用
傳統價帶理論。最重要的概念是單一的自由電子！另外因為金
屬原子序大庫倫電力大故易用靜電力結合原子與原子構成固體
金屬。

　　在這裡，我也想修改的基礎上我的新原子模型的超導 BCS
理論。當前的 BCS 理論認為，來自電子和振動晶格（聲子）之
間的相互作用可以抵消兩個電子之間的庫侖斥力，形成庫柏對。
庫珀對的概念是正確的。然而，這兩個電子之間的引力是由於相
反的自旋引起的磁力，而不是聲子晶格的相互作用。一旦自旋相
反電子對形成，它可以解釋超導體邁斯納效應：超導體的驅逐磁
場，此效果類似於抗磁性。因為單一電子易會產生抗電流方向的
電動勢。然而，正常物質的抗磁性是由於相反的軌道電子駐波比
如許多惰性氣體。這些軌道電子沒有自由電子而它們不能傳輸
電力。然而，庫珀對的自由電子可以傳輸電力。我們可以使用這
個新的理論來解釋汞的超導電性。汞是 2,8,18,18,32,2。如果最
外層的 2 個電子，成為一對，汞可以是一個超導體。另外要注
意是汞的內層電子很多而最外層電子對一丟失成為金屬離子。
汞為何成液狀也可用其超導性解釋，因為汞的最外層一對電子
易成費米擬聚，則易成無黏滯度(無磁場)的超流體。這也是二硼
化鎂有超導性的原因。鎂是 2,8,2 且硼為 2,3。如果硼化鎂形成

為 B-Mg-B，可以看出，每個 B 仍具有兩個最外層的電子。他們形成兩個庫珀對產生超導性。同樣的原理可以應用於液態氦。液態氦有一對電子在其外層軌道。因此，它可以形成庫柏對，以產生超導性。這也是真正的高溫超導體如 YBaCuO 複合物的機制。這些高溫超導體通常有 CuO2 層的超導。如果 CuO2 形成為 O-Cu-O，那麼有一對電子可以形成庫柏對產生超導性。值得一提的是，溫度的上升會增加電子之間的熾力分開庫柏對，因為它會導致配對電子的自旋隨機化。因此，超導特性需要低溫。但是，如果我們知道超導的確切機制，我們可以找到更多的高溫超導體。

我們知道共價鍵的鍵能是 150-400KJ/mol，離子鍵能 150-400KJ/mol，金屬鍵能是 50-150KJ/mol。從上述可知，金屬鍵是因為較大的尺寸的金屬原子和一個或兩個最外層電子的結合力弱。共價鍵和離子鍵的原始分別應該被改變。例如，鹽酸被稱為極性共價結合。事實上，它的鍵結與氯化鈉是相同的，並 H 和 Na 均捐贈一個電子給氯原子。此外，三鍵和雙鍵比單鍵有較高鍵合能。在 O_2 原子（$O=O$），一個氧原子捐贈兩個電子到另一氧原子在第二個氧原子的軌道使充分八個電子。然後，將 $O=O$ 就是 $O^{2+}=O^{2-}$。因為較高的極性與較大結合力，三鍵長度比雙鍵的鍵長較短，雙鍵的鍵長比單鍵長度短。N_2 是三鍵的一個例子。它是 $N^{3+}=N^{3-}$，所以我們看到液態氮是極性分子。

超共軛理論說 σ 和 π 鍵的相互作用是其原因。這種效應被認為是存在於 R-Y-C-Z 分子如 D-吡喃葡萄糖(D-glucopyranose)。Y 和 Z 是負電原子，如氧原子。這種效果可以通過在兩個負電原

子靠近時相互排斥而可簡單地說明。此外，超共軛理論無法解釋縮醛（acetals）。因此不需要所謂的 σ 和 π 鍵。我的新原子理論是正確的。最後，我們談談共振如臭氧或苯分子。根據敝人第一種化學鍵形成方法，得到的電子分布於中心原子外軌道，可以解釋為何臭氧中的 O-O 鍵和苯分子中 C-C 鍵鍵長相等。這解決了共振結構理論的困擾。而且敝人理論不像共振理論要求一定要完全遵守八耦體規則，我的理論可解釋如 PCl5 結構，因此可解決共振理論中對不合共振規定激發態以及其他立體化學問題。另外對於共軛理論中，為何單鍵雙鍵交替會趨向鍵長平均化且位於同一平面，敝人新化學鍵理論也能解釋。以 1,3 戊二烯 CH2=CHCH=CHCH3 為例，主鍵第二個碳從第一個碳拿到兩個電子和第三個碳拿到一個電子再加氫的一個電子形成八耦體，因此此三個碳共平面；主鍵第四個碳從第三個碳拿到兩個電子和第五個碳拿到一個電子再加氫的一個電子形成八耦體，因此此三個碳也共平面；最後五個碳都趨於共平面解釋了共軛體系問題。同理可解釋為何苯環六個碳原子為何共平面。

熱膨脹（Heat expansion）

　　眾所周知，熱會導致物質的膨脹和冷會導致物質的收縮。但是，基本的機制仍是未知。目前的理論認為原子或分子因為熱振動造成膨脹。然而，這理論有一個嚴重的缺陷。熱振動是隨機運動，原子或分子的振動不可能是同步的。其實，熱振動仍將保持原子或分子在相同的位置振盪。因此，熱振動不會導致不斷膨脹。在這裡，我建議熾力（輻射壓）是熱膨脹的真正原因。因此，如果該物質的溫度就越高，產生的輻射壓力會較大。如果該物質的溫度降低，產生的輻射壓力會較小。當有多餘的熱，原子與原子之間的輻射壓力會增加，增加的輻射壓力施於兩個原子之間的真空空間將其展開。若如此，則該對象的整個體積會增加。另一方面，如果存在冷，原子和原子之間的輻射壓力會降低，降低的輻射壓力會影響兩個原子之間的真空空間收縮它。這就是為什麼熱脹和冷縮的原因。通過這個概念，我們可以推導熱膨脹定律。重要的是要知道，光壓作用於時空本身造成時空擴展！

　　根據熱力學的第一定律，熱能應該轉變成功：

$\triangle E = P * \triangle V$

$W = P * V =$ 常數

由於 $\triangle E = N * K * \triangle T$（K ＝波爾茲曼常數），

N 是物質的總原子數。

因此，

N * K * △ T = 1 / V * △ V

因此，

α * △ T = △ V / V

α 是體積熱膨脹係數

在上面的公式中，我們可以看到，熱輻射引起的壓力是熱膨脹或冷收縮的實際原因。但是，熱膨脹係數可以在不同物質之間變化。然而，在相同的物質，熱膨脹係數是相同的。線性熱膨脹公式為：

α * △ T = △ L / L

我們知道熱膨脹的原因，我們就可以知道物質的相變的真正原因。我們知道每種物質有四種類型相：固體，液體，氣體和電漿。在電漿相，帶正電荷的質子從帶負電的電子中分離。如果加熱的物質，原子和原子之間或分子與分子之間的輻射壓力會增加。在固相上，熱量是最小的量，所以原子和原子間的距離很短。原子和原子之間的庫侖引力是大的，所以原子具有很少或沒有自由運動。這就是所謂的固相。當我們給予更多的熱量，原子與原子之間的輻射壓力變得更高。然後，庫侖引力變得更小。原子和分子可以移動或更自由地轉動但體積不變。這就是所謂的液相。如果我們給予更多的熱量，輻射壓力會更高。原子與原子之間的庫侖引力變為最小或零。因此，原子和分子可以自由移動完全且易體積變化。這就是所謂的氣相。當我們給出最大熱，輻射壓力是足夠高的時候。原子核中的質子和原子軌道中的電子可以由於它們之間的高輻射壓力進行分離。會有可移動電荷生

成。這就是所謂的電漿相。目前的理論認為，熱振動引起的四種類型的相變。然而，熱振動不能抵銷平衡原子和原子之間的吸引力庫侖力。只有排斥的輻射壓力可能抗衡吸引的庫侖力。因此，我們可以用這個理論來解釋完美的四個階段物質的相變。輻射壓力起著關鍵的作用。另外再加上費米擬聚及玻色擬聚兩態。此外，我們可以幫助解釋熱力學第三定律。因為益魯效應，質量會造成重力加速度，而加速度總是有溫度。因此，絕對零度是不可能達到的。這裡敝人想談談熱對流的原因。由於我們可以知道物質的重量乃由其向內的重力以及向外的輻射壓力共同決定。因此加熱的氣體較輕而冷卻的氣體較重造成熱對流。這也可以解釋馮勁松效應所說為何加熱後的固體比冷卻的同一固體來得輕。

然後，我們來討論一下熵的定義。在這裡我們要先援引霍金的黑洞熵公式：

$$S = \frac{kAc^3}{4h'G}$$

而我們知道(根據敝人統一場論)，新普郎克長度：

$$Lh = \sqrt{\frac{4h'G}{c^3}}$$

因此黑洞熵剛好等於視界平面 A 除以新普郎克面積再乘上波茲曼常數 k：

$$S = kN$$

　　N剛好就是黑洞視界平面含有新普郎克面積的總數，黑洞視界平面含有黑洞的所有熵，所以黑洞極可能是一個二維平面結構，最近黑洞的照片也佐證它是個二維平面盤狀結構。黑洞因為沒有體積所以質量能量密度無限大。因此我們知道真空中的熵正比於其中新普郎克體積的總數。若知熱力學定義：

$$\Delta S = \frac{\Delta Q}{T}$$

若我們定義：

$$\Delta Q = k\Delta N * T$$

同樣我們可以得到熵公式及內能(Internal energy)的定義：

$$S = kN$$

$$Q = E = U = NKT$$

　　再比較波茲曼與吉布斯熵的定義，已知此二定義可互通，物質傾向均勻擴散也可用吉布斯熵的機率解釋，我們知道波茲曼熵：

$$S = k \ln \omega$$

根據機率與排列組合：

$$\omega = \sum \frac{g^{n_i}}{n_i!}$$

$$\sum n_i = n$$

g為能量階層數目而n為總粒子數

根據馬克士威爾統計分布：

$$n_i = \frac{g_i}{e^{\epsilon - \mu/kT}}$$

因此可得：

$$\ln \omega = (\alpha + 1)n + \beta E$$

稍加整理可得：

$$E = \frac{\ln \omega}{\beta} - \frac{n}{\beta} - \frac{\alpha n}{\beta}$$

可比較熱力學第一定律：

$$E = TS - PV + \mu n$$

因為如理想氣體 PV=nKT：

$$\beta = \frac{1}{KT}$$

$$\alpha = \frac{-\mu}{KT}$$

在此 μ 為化學勢，假設某理想氣體無化學反應則此第二項為零。
而 E 代表空間內含的內能，由以上熱力學新定義 E=NKT，則：

$$\ln \omega = n + N$$

若此空間有數目 n 的理想氣體加上數目 N 的新普郎克空間數量，
則總熵為兩者數量之和(S=k(n+N))，若此空間真空則只考慮 N。
得：

$$S = kN$$

這個結果也能幫助解決吉布斯悖論。又已知焓的定義：

$$H = U + PV$$

因此在理想氣體： H=(N+n)KT

這裡我們能討論一下相關的玻色愛因斯坦分布及費米狄拉克分
布，玻色愛因斯坦分布：

$$\bar{n} = \frac{1}{e^{\epsilon - \mu}/_{kT} - 1}$$

費米狄拉克分布：

$$\bar{n} = \frac{1}{e^{\epsilon - \mu}/_{kT} + 1}$$

當平衡時分母 $e^0=1$ 在玻色愛因斯坦分布 n 變成無限大意謂同一能量階層可容納無限多玻色子，而費米狄拉克分布$\bar{n}=1/2$ 意謂同一能量階層只可容納兩個費米子，這就解釋了玻色愛因斯坦分布及費米狄拉克分布的根本差異。

接下來我們可以用這熵的新定義來了解活化能。根據阿瑞尼亞士活化能公式：

$$k = Ae^{-Ea}/_{KT}$$

k 是反應速率而 Ea 是活化能，帶入 Ea=NKT 則可得活化能越小則反應速率越快，活化能越小也就是 N 越小即兩反應物之間的空間越靠近，這就說明了為什麼酶可以透過鎖鑰機制使兩反應物空間靠近及減少熵度(close match & entropy trap)來催化反應。酶降低了活化能而增加了反應速率。同理我們知道兩固體分子間擴散率(Diffusivity)：

$$d = De^{-Ea}/_{KT}$$

Ea 是兩固體原子間擴散活化能，也隨彼此原子距離 N 的減小而活化能越小。

由熱力學定義：

$$dU = TdS - pdV$$
$$dU + d(pV) = TdS - pdV + d(pV)$$

$$d(U + pV) = TdS + Vdp$$

$$dH = TdS + Vdp$$

由於化學反應多半在定壓之下，上式 Vdp 項幾可忽略，因此焓的變化量幾乎就是內能變化量。又知焓變化量是正反應與逆反應活化能之差：

$$\Delta H = Ea1 - Ea2$$

因此可知活化能之差即等於反應前後內能之差，與推論 U=Ea=NKT 相一致。又給出正逆反應速率 k1&k2 與平衡常數 K 關係：

$$K = \frac{k1}{k2}$$

$$k1 = A1e^{-Ea1/KT}$$

$$k2 = A2e^{-Ea2/KT}$$

$$K = \left(A1/A2\right)e^{Ea2-Ea1/KT} = A'e^{Ea2-Ea1/KT} = A'e^{-\Delta H/KT}$$

$$K = e^{-\Delta G/kT}$$

$$\ln K = \ln A' - \Delta H/kT$$

$$\ln K = -\Delta G/kT$$

$$\Delta G = \Delta H - T\Delta S$$

$$\ln A' = \Delta S/k$$

接著，我們再談論一下化學分子的蘭納瓊斯勢 6-12 potetial 的由來，這是一個經驗公式來解釋化學原分子間的作用力。蘭納瓊斯勢的公式是：

$$V_{LJ} = \frac{A}{r^{12}} - \frac{B}{r^6} = \epsilon \left[\left(\frac{\sigma}{r}\right)^{2n} - 2\left(\frac{\sigma}{r}\right)^{n} \right]$$

其中 r 是兩分子間距離，ϵ 和 σ 代表某些常數，r^{12} 項是排斥力勢而 r^6 項是吸引力勢。其可由 2n 和 n 項代表。而我們知道：

電力場：

$$E = \frac{KQ}{r^2} \hat{r}$$

磁力場：

$$B = \left(\frac{\mu}{4\pi}\right) \frac{QV}{r^2} \times \hat{r}$$

熱力場：

$$H = \frac{kT}{\frac{4}{3}\pi r^3 * t} \hat{r}$$

重力場：

$$A = \frac{-GM}{r^2} \hat{r}$$

旋力場：

$$S = \frac{SJ}{r^2} \times \hat{r}$$

$$B \times E \times A \times S = \gamma \pi H c^2$$

此為統一場論方程式(gamma 是洛倫茲因子)。

若我們將吸引力的電磁場積分得電磁勢而將排斥力(萬有熾力)的熱力場積分得熱力勢，我們就能解釋 6-12 potential。接著討論由盎魯霍金效應得到的公式來解釋曼巴效應 T*t=h'/k ，此相

對應於能量時間不確定原理 dE*dt≥h'，由於溫度和時間成反比，故起始溫度越高所經降溫的變化時間越短。最後為何熱力學第三定律認為絕對零度不可能達成？以空間為例，每個新普朗克空間有個最小震盪頻率也就是真空零點能，其貢獻最小不為零的溫度。以物質為例，每個物質都有質量產生重力場加速度，而根據盎魯霍金效應，每個加速度與溫度成正比例產生輻射，因此不可能達到絕對零度。而熱力學第二定律認為熵會不斷增大，根據敝人對熵的新定義，熵是新普郎克空間的數目，這是一種空間不滅原理，新普郎克空間產生後將不斷變多，所以我們的宇宙將膨脹到近似無限大。而且若令熵：

$$S = \frac{Q}{T}$$

設宇宙總能量 Q 不變，當其溫度 T 不斷減少，則宇宙系統熵 S 也可看出不斷變大。又根據溫度時間關係式：

$$T * t = \frac{h'}{k}$$

當宇宙溫度 T 不斷減少，則時間 t 不斷膨脹，則宇宙系統熵 S 也不斷變大。因此時間方向就是熵箭頭方向。

最後是對於統一場論五 PLUS 版中相對論的補充：狹義相對論中的時間膨脹和長度收縮(指運動狀態下物體，解決梯子悖論)：

$$t' = t / \sqrt{1 - \left(\frac{v}{c}\right)^2}$$

$$x' = x \sqrt{1 - \left(\frac{v}{c}\right)^2}$$

其中 X 是原長和 t 為原時，也就是靜止狀態的長度與時間，可看到當速度超過光速則會產生虛數時間和長度此在實際宇宙不可能，故光速是速度的最上限。我們可再看看能量時間關係如相對論：

$$E' = \frac{mc^2}{\sqrt{1 - \left(\frac{v^2}{c^2}\right)}} = E * \frac{dt}{d\tau}$$

我們可見洛倫茲因子完全是時間膨脹的效果，因此當速度達到光速會造成時間靜止但是能量並不會無限大，因此速度達到光速仍是可能的，只有虛數時間會造成能量無限大的矛盾。再看原長(靜止長度)其最小值是普朗克長度，但運動下原長甚至在光速下縮小為零，此時為零時空，可幫助解開芝諾悖論。

又廣義相對論理想流體：
$$T_{\alpha\beta} = (-\rho, Px, Py, Pz) = (-\rho c^2, \rho cVx, \rho cVy, \rho cVz)$$
當速度 V 為光速 c 時，此時代表光壓是造成宇宙膨脹的暗能量，也因此質量能量密度與壓力的比值為-1 就是ω因子，解釋了宇宙的未來命運。當ω因子=-1 則指數膨脹：
$$a \propto e^{Ht}$$
哈伯定律成立(H:哈伯常數)，可幫助判斷敝人理論正確。此時早期宇宙經過黑洞蒸發後用光壓造成時空加速膨脹，宇宙開始變成 de-Sitter space。而在最早期普朗克質量密度略小於光壓壓力，

這些都符合人擇原理以及符合暴漲理論。均勻與同向性可合理
解釋。

$$u == -\frac{g^2}{8\pi G} = -\frac{GM^2}{8\pi r^4}$$

$$P_x = P_y = P_z = -\left(\frac{\pi^2}{240}\right)\frac{h'c}{r^4} = \frac{\sigma T^4}{4c}$$

前者之值略小於後者，說明宇宙形成有微調 fine-tuning，會使霍
金輻射不再回復坍成黑洞造成大霹靂使宇宙開始。

再看愛因斯坦宇宙場方程式：

$$\text{Guv} = K * \text{Euv} = \text{Ruv} - \frac{1}{2}g_{uv}R$$

$$\text{Euv} = \left(\rho_m - \frac{P}{c^2}\right)UuUv - Pg_{uv}$$

其中 Time-like vector UuUv=(-c^2,0,0,0) g_uv=(1,-1,-1,-1) $\rho = \rho_m c$^2 而里奇流：

$$Ricci\ flow\ = -Ruv + \frac{1}{2}g_{uv}R = -K * Euv = -\lambda g$$

當 λ 為負值則宇宙膨脹而當 λ 為正值則宇宙收縮，由里奇
流可見宇宙空間部分(x,y,z 軸)是不斷膨脹的。（里奇 = 常數λ *
度量 g_uv）。由 perfect fluid 公式可知當光壓項佔及優勢時使宇
宙不斷擴大。宇宙將擴大到最大值。這個公式可以證明我們的宇
宙是輻射壓主導宇宙膨脹。而在 3-sphere 的黎曼張量：

$$R_{uv=}\frac{2}{r^2}g_{uv}$$

而愛因斯坦張量跡：

$$g^{uv}G_{uv} = g^{uv}R_{uv} - \frac{1}{2}g^{uv}g_{uv}R$$

$$G = R - \frac{1}{2}(nR) = \frac{2-n}{2}R$$

當四維時空時 n=4 則可得:

$$G = -R$$

綜合以上我們不難發現愛因斯坦場方程隱含我們的宇宙形狀是一個四維球體 3-sphere。我們若將 3-sphere 的相關張量帶入愛因斯坦場方程:

$$R_{uv} - \frac{1}{2}g_{uv}R$$

$$\frac{2}{r^2}g_{uv} - \frac{1}{2}g_{uv}\frac{6}{r^2} = \left(\frac{-1}{r^2} , \frac{1}{r^2} , \frac{1}{r^2} , \frac{1}{r^2}\right)$$

$(T^{uv}=(-\rho,P,P,P))$

$$Guv = K * Tuv = \left(\frac{-1}{r^2} , \frac{1}{r^2} , \frac{1}{r^2} , \frac{1}{r^2}\right)$$

由於 $1/r^2$ 是球的高斯曲率,$6/r^2$ 是 3-sphere 的 scalar curvature,故我們也可得證宇宙空間形狀是四維球體。

酸鹼機制（Acid & base）

　　用我的新原子模型和化學鍵理論來解釋酸鹼機制和離子溶液。根據阿瑞尼亞斯酸鹼的定義，酸是 H^+供應者，鹼是 OH^-提供者。根據路易斯定義，酸是 H^+供體，鹼是 H^+受體。舉例來說：鹽酸。氯原子有 7 個電子在其外層軌道。根據我的化學鍵理論，氫原子給了氯原子一個電子，讓氯有八個電子在其外層軌道。然後，該化合物是 H^+Cl^-。當 H^+Cl^-化合物在溶液中，H^+可以被 H_2O 的負電吸引而離開原來的鹽酸化合物。Cl^-離子得到的所有八個電子在它的外軌道，形成穩定的駐波。另外，所生成 H^+質子在溶液中也是穩定的結構。這就解釋了酸在溶液中自發形成。

　　然後，我們可以考慮鹼的形成。我們可以把 NaOH 作為一個例子。NaOH 在溶液中可以表示為 Na^+ OH^-。在這裡，我建議中央氧原子已經得到來自 Na 一個電子和來自 H 另外一個電子形成共有八個電子兩兩成對。Na 和 H 分由兩側連接中央氧原子。並且，Na-O 的距離比 O-H 較大，這是因為鈉的尺寸較大。因此，Na 更容易比 H 離開中央氧原子，Na^+可由 H_2O 的負電吸引而離開 NaOH。當 Na^+離開原來的 NaOH 化合物而放棄一個電子給相鄰的 O 原子，O 原子也可以在其外層軌道有兩兩成對共 8 個電子。根據 VSEPR 理論，這四對電子對會彼此斥開形成金字塔型達到彼此間最大角度(如 Li4OH)。然後，OH^-將在溶液中穩定形成。OH^-外層電子排列也可成球狀結構(如 NaOH or KOH)。這種

穩定性解釋為什麼 H^+（酸）和 OH^-（鹼）都可在溶液中成功地存在。NH_3 是另一個例子。$NH_3 + H_2O \rightarrow NH_4^+ + OH^-$。因此，它也能產生穩定的 OH^-。我們也可以將原則套用在路易斯鹼。H^- 和 F^- 都是路易斯鹼，因為它們都有穩定的外層電子結構。

此外，我們可以決定不同的酸的酸強度。HBr 的是比 HCl 較強的酸。這是因為溴具有較大的原子大小。從而，H 原子可以更容易地離開溴原子解離成為酸。因此，HBr 是較強的酸。HNO_3 是強酸。然而，它也有內部 OH 結構。其結構可以表示為 $O_2 NOH$。在這裡，中心氮原子分別與 -OH 、 -O 及 =O 鍵結形成中心八隅體結構（駐波）。並且，由於 N 有高的正電性，因此穩定 H^+ 更容易解離出來。因此，OH^- 不能從 HNO_3 形成。過氯酸是一個非常強的酸。CH_3COOH 是弱酸。這是因為 $HClO_4$ 中心氯比氫正電性強而 ClO_4 有更多的負電性，所以更容易溶解 H^+ 質子。最後，我們可以知道為什麼 HCN 是一種弱酸。$H-C\equiv N$ 實際上是一個線性結構。中央碳原子已經得到來自 N 原子和 H 原子的各三個電子和一個電子。因此，C 原子已經得到穩定整整八個電子配置。更重要的是，N 原子正電性大於 H 原子因此 H^+ 可解離出去但是中心碳的電負性大。因此，氰化氫是一種弱酸。H_2O 是弱酸以及弱鹼。它可以溶解成 H^+ 和 OH^-。兩者都是穩定的結構。H_2O 是彎曲的線性結構。

元素特性（Characteristics of elements）

　　用我的原子模型，我可以預測的化學元素的特性。反磁性元素，如氬氣中的軌道都是配對電子。因此，這些配對的電子的軌道特性引起抗磁性。順磁性元素如鋰具有在軌道上的未配對電子。不成對電子的自旋特性造成順磁性。這是因為電子的軌道運動非內稟的而遵守角動量守恆（Einstein de Haas effect），當有外磁場施加，在二維的軌道電子傾向與外磁場角動量相反方向做排列造成反磁性。電子的自旋運動是內稟的，以光速自旋，當有外磁場施加，自旋電子傾向對齊外磁場的磁場方向造成順磁性。自旋的磁性效應比軌道磁性效應來得大。而鐵鈷鎳因為含有極多的未成對電子有極大順磁性而成為鐵磁性。而反鐵磁性則與鐵磁性一樣均源於外側軌道有極多未成對電子，只是鐵磁性時未成對電子自旋方向均相同，但反鐵磁性時未成對電子自旋方向交錯排列。而熱擾動使元素以鐵磁->反鐵磁->順磁變化。

　　此外，我們可以解釋元素的熔點和沸點。元素的熔點和沸點是由分子中，兩者之間的距離和造成極性的總電荷決定的。我的化學鍵模型也可以解釋的。因此，當分子具有更多的總電荷，縮短了在兩分子之間的距離，以及更高的極性具有更高的熔點和沸點。我們也可以使用萬有燃力解釋固體和氣體的溶解度。較高的溫度下固體化學物質的溶解度較高。這是因為在高溫下引起

較大熾力（光壓）讓固體化學品容易在溶液中溶解。然而，較高的溫度下氣體的溶解度較低。這是因為高溫會導致更大的熾力（光壓）讓氣體分子彼此離開，以保持氣體的形式。因此，溶解度的問題是可以解決的。

　　分子間的凡德瓦力可以分為三組：基松（Keesom）力（永久偶極），德拜力（永久偶極和誘導偶極），和倫敦力（誘導偶極）。這些力量可以用電磁力造成的極性來解釋。氫鍵是一種永久偶極力。這是 H 和 O／N／F 之間的作用力。所有的 NH_3，H_2O 和 HF 有一個最外軌道八電子配置。從 NH 的 H 原子可以被另一個 NH_3 分子的 N 原子孤對電子吸引，這是化學鍵第三原則。（$H_3N.....HN-$）因此，NH_3 是一個金字塔形結構，而不是一個平面結構，N 原子各提供一個電子給相鄰三個 H 原子，這是化學鍵第二原則。我們也可以推斷使得 H_2O 是彎曲的線狀結構，由於與 $H_2O...HO-$。值得注意的是在 NH_3 中為何不是三個氫原子供給中心的氮原子，使中心氮原子形成駐波八耦體而氮原子和三個氫原子共平面？此可因若氮原子分散其電子給周圍氫原子則三個氫原子均成駐波軌道，故更多的原子呈現穩定駐波原子則此分子結構越穩定，這是 NH_3 成金字塔形結構的原因，同理可證 H_2O 是彎曲的線狀結構。同理也可證 CH_4 之結構形狀。在 HF 中，H 原子反過來提供 F 原子一個電子，因此 HF 可形成對稱型氫鍵與 NH3 和 H2O 不同。HCl 沒有氫鍵，因為它具有 8+8 電子在它們的最外軌道形成完美駐波而無孤對電子。Cl 和 F，S 和 O 以及 P 和 N 具有相同的原子大小。在 Cl，P，S 這三個原子有相反方向的兩個完美駐波。因此，較不易存在氫鍵。所以在

PH3 中 H-P-H 鍵角接近 90 度而小於 NH3 中 H-N-H 的 108 度。還有沒有氫鍵的溴化氫 HBr。這是由於它具有更多的電子以及較大的原子大小。從而，H 原子的距離和 Br 大得多。由於 KQq/R^2，我們可以看到，由於較長的距離 r 使得庫侖力大大降低。而中心溴原子可形成 2 8 8 18 含有 8+8 電子的完美駐波。因此也不易形成氫鍵。

然後，我將討論關於熱傳導性，導電性，和延展性。金屬尤其銅系金屬有很大的導電性和延展性和可鍛性。原因是因為金屬鍵。例如，銅 Cu 是 2,8,18,1，金 Au 是 2,8,18,18,32,1，和銀 Ag 是 2,8,18,18,1。我們可以看到，他們都在最外層軌道上有一個額外的未成對電子。因此，如果一個 Cu 原子丟失了一個電子形成陽離子，就可以形成與另一個銅原子眾多的內層電子相吸化學鍵來連接相鄰的原子。因此，這丟失的電子即變為自由電子。丟掉最外層電子金屬剩下外層電子也可成完美駐波。再加上金屬的內層電子很多對最外層電子產生排斥力，這些自由電子可以在金屬自由移動，一旦他們接受外部環境中的熱或電，它可以快速地透過運動傳遞電能和熱能。此外，這種金屬鍵結方式亦使金屬具有良好的延展性和可鍛性。若兩個銅原子相對位置變了，可以很容易地調整其位置。有一個叫韌脆轉變溫度的溫度。如果我們冷卻下來的金屬，它會變得脆弱，失去韌性和延展性。因此，金屬變脆。而原子序越大的原子較易形成固體的金屬是因為內層電荷越大庫倫引力越強導致的，這也幫助了金屬原子間的鍵結。越易丟失最外層電子也越易形成金屬鍵。

　　在這裡，我也會對電導的能帶理論做評論。在導電性的能帶理論中，一個元素的導電性是由於其帶隙（Band Gap）。對於金屬導體，它的導帶和價帶之間沒有帶隙。在絕緣體，它的導帶和價帶之間存在巨大的帶隙。而在半導體，它的導帶和價帶之間存在小可變帶隙。然而，沒有觀察證實這些「帶結構」和「帶隙」。其實，在敝人的原子模型中沒有這樣的帶隙。在這裡，我建議電導率僅僅是由於一個元素中自由電子的數目。在金屬，有一個自由電子海，所以導電性非常好。在絕緣體的化合物如 CH_4，可以看到有其結構內沒有自由電子而其導電性很差。在 p 型和 n 型半導體或導電聚合物如聚乙炔，這些分子內的自由電子相對數量決定其電導率。此外，半導體的導電率低於金屬乃由於自由電子的相對數量。不存在帶隙，電導率僅依賴於自由電子的數目。

　　此外，我們可以看看化學元素或分子的沸點和熔點。沸點和熔點依賴於化學元素或分子的幾個因素，包括總電荷，分子間距離，分子間的接觸表面，極性，氫鍵，對稱性等。根據我的原子模型，以及我的化學鍵模型，我可以成功地解釋上述這些所有特性。此外，從分子間的吸引力是庫侖力。因此，總電荷和極性可影響熔點和沸點。

　　最後，我們可以討論的分子的光偏振旋轉特性。這將導致在一個給定分子的光學異構體。一個分子如乳酸有相同的原子構成。有此分子的兩個鏡像結構。當光被照射到這分子，它可以移動到左側或右側，乃由於在同一分子的不同光學異構體。基於電荷相對論，我們能夠成功地解釋這一現象。由於光學異構體的左

-右組合物不同的是，兩種異構體的左右原子是相反的。右側原子和左側原子帶有不同電荷。由於光會因電荷轉動，它會移動到左側或右側取決於異構體的結構。因此，我們可以解釋分子的光偏振旋轉特性。

最後基於敝人新原子模型，電子排列殼層越滿足 2 8 18 32 越穩定，敝人給出下列重要元素的電子組態：

H 1

He 2

Li 2 1

Be 2 2

B 2 3

C 2 4

N 2 5

O 2 6

F 2 7

Ne 2 8

Na 2 8 1

Mg 2 8 2

Al 2 8 3

Si 2 8 4

P 2 8 5

S 2 8 6

Cl 2 8 7

Ar 2 8 8

K 2 8 8 1

Ca 2 8 8 2

Sc 2 8 8 3

Ti 2 8 8 4

V 2 8 8 5

Cr 2 8 8 6

Mn 2 8 8 7

Fe 2 8 16

Co 2 8 17

Ni 2 8 18

Cu 2 8 18 1

Zn 2 8 18 2

Ga 2 8 18 3

Ge 2 8 18 4

As 2 8 18 5

Se 2 8 18 6

Br 2 8 18 7

Kr 2 8 8 18

Rb 2 8 8 18 1

Sr 2 8 8 18 2

Y 2 8 8 18 3

Zr 2 8 8 18 4

Nb 2 8 8 18 5

Mo 2 8 8 18 6

Tc 2 8 8 18 7

Ru 2 8 8 18 8

Rh 2 8 18 17

Pd 2 8 18 18

Ag 2 8 18 18 1

Cd 2 8 18 18 2

In 2 8 18 18 3

Sn 2 8 18 18 4

Sb 2 8 18 18 5

Te 2 8 18 18 6

I 2 8 18 18 7

Xe 2 8 18 18

Cs 2 8 8 18 18 1

Ba 2 8 8 18 18 2

La 2 8 8 18 18 3

Ce 2 8 8 18 18 4

Pr 2 8 8 18 18 5

Nd 2 8 18 32

Pm 2 8 8 18 18 7

Sm 2 8 8 18 18 8

Eu 2 8 8 18 18 9

Gd 2 8 8 18 28

Tb 2 8 8 18 29

Dy 2 8 8 18 30

Ho 2 8 8 18 31

Er 2 8 8 18 32

Tm 2 8 8 18 32 1

Yb 2 8 8 18 32 2

Lu 2 8 8 18 32 3

Hf 2 8 8 18 32 4

Ta 2 8 8 18 32 5

W 2 8 8 18 32 6

Re 2 8 8 18 32 7

Os 2 8 18 32 8

Ir 2 8 8 18 32 9

Pt 2 8 18 18 32

Au 2 8 18 18 32 1

Hg 2 8 18 18 32 2

Tl 2 8 18 18 32 3

Pb 2 8 18 18 32 4

Bi 2 8 18 18 32 5

Po 2 8 18 18 32 6

At 2 8 18 18 32 7

Rn 2 8 8 18 18 32

Fr 2 8 8 18 18 32 1

Ra 2 8 8 18 18 32 2

Ac 2 8 8 18 18 32 3

Th 2 8 8 18 18 32 4

貳、萬物理論地科篇

地磁理論（Geomagnetism）

　　磁是物理的一個基本特徵。根據薛定諤的原子模型，磁性可以用量子力學來解釋。然而，量子力學或其他現有理論無法解釋磁的許多重要現象。首先，為什麼磁場與地球或恆星的旋轉密切相關？磁場方向對齊恆星或行星旋轉軸的例子包括太陽，地球，水星，土星，木星。目前發電機理論解釋地磁也有嚴重的問題。例如，為什麼類似地球的金星磁力不足？金星它旋轉速度非常慢。為什麼在磁場可在水星發現？據推測水星完全是固體，沒有液體發電機產生磁性。其次，為什麼有磁場逆轉的現象？太陽的磁場以每 11 年相反的方向改變。地球在大約每百萬年改變其磁場方向。目前沒有令人滿意的理論來解釋這些現象。

　　最近，我提出了一個新的原子模型。它可以解決薛定諤的量子力學產生的問題，如 EPR 伴謬或薛定諤的貓。在新的原子模型，質子和中子交替排列而在相同的方向一起旋轉。所有的電子公轉質子和中子的旋轉平面。電子軌道的旋轉方向可以受到中子或質子相反的磁場影響。原子的磁性的主要因素是電子的自旋方向和軌道方向。Fe，Co 和 Ni 具有磁性，因為它們具有最大的未成對電子在其軌道。例如，鐵的原子數為 26。這意味著，電子填充在 n = 1 和 n = 2 軌道（2，8，N =主量子數）。在 n = 3 的軌道，16 個未配對電子的填入鐵原子最外側。因此，鐵原子

可以有許多未配對電子而產生磁性。當磁鐵置於鐵塊附近，在鐵原子的未配對電子將重新定位以對齊的外部磁場。因此，該未配對電子有可能從原始隨機方向變成相同的旋轉方向。因此，鐵可以產生磁性。根據我的新原子模型，我可以成功地解釋鐵，鈷，鎳的磁性，而無需使用量子力學。

　　值得注意的是，地磁密切相關於地球或恆星的旋轉軸，如太陽，地球，土星，水星，木星。這種現象可以用愛因斯坦-德哈斯效應（Einstein-De Haas Effect）或巴尼特效應（Barnett effect）來解釋。這種效應說的機械旋轉的金屬能產生磁力的軸線是與旋轉軸。這種效果可以通過角動量守恆定律來理解。當金屬在一個方向上機械性旋轉，該金屬內的微組成原子將在相反方向旋轉。因此，電子的軌道運行方向將相關於金屬的機械旋轉方向（反向旋轉）。此外，質子和中子的旋轉方向也會相關於金屬的旋轉方向。我們可以將行星內核視為一個熔蝕大的金屬。所以，當行星由於外部扭矩如旋力開始旋轉，相對於行星的旋轉方向電子繞原子核的軌道運行方向將是相反的，而電子也會有自旋軌道耦合的情況，即自轉與公轉同方向。由於電子的自轉是像一個小安培電流(電子光速自旋為其內稟屬性)，所以電子的自轉可以產生磁場。由電子所產生的磁矩為 u = qJ/m，q =電荷數，m =電子的質量，J =電子的角動量。因此，行星或恆星可以產生磁性。此外，該磁場的方向是密切相關於行星或恆星旋轉方向。它可以解釋出現在太陽，地球，水星，土星，木星的磁場。在水星和地球有鐵核或氧矽鋁等元素鎔態。在太陽，氫和氦原子或其他內部較重原子對磁性很重要。金星旋轉很慢，故磁場很弱。而電

子的軌道很難完全調整到地球的旋轉軸。天王星和海王星的磁軸不是旋轉軸，這可能是因為這兩個行星是冰冷的行星和它們的核心可能是高分子化合物不是簡單的原子等。並且，行星的大小是很重要的。如果有更多的原子與旋轉軸對齊，磁場會更加明顯。

　　地磁的另一個重要機制是磁場的逆轉。太陽或地球可以在一定時期逆轉它們的磁場。太陽在每 11 年逆轉磁場; 地球每百萬年反轉它的磁場。在目前的物理理論，對於這個現象沒有令人滿意的解釋。但是，它可以通過我最新假設的原子模型來解釋。在原子核中，質子和中子是 N-S 對 S-N 排列，並在同一方向上共同旋轉。質子和中子產生相反的磁場，與不同的磁矩。根據質子或中子的磁場，所有的電子自旋可對齊於兩個可能的方向：如質子的磁場方向或像中子磁場方向。在這裡，我們假設所有的電子可以在一個循環週期改變它們的自旋方向。在一個週期中，所有的電子以質子的磁場方向自旋。在另一個期間內，所有的電子以中子的磁場方向自旋。該變化是由於質子的或中子的磁力。當原子構成的行星內部所有的電子改變其自旋方向，這意味著原子的磁場改變方向。因此，恆星或行星磁場的方向也可以改變。它是反轉磁性的原因。例如，太陽或地球的磁場反轉就是這個原因。另外由於地球自轉進動，故地球正北極與磁北極之間有磁傾角。最後補充一下行星環原理，可用旋力而不用洛希極限解釋，靠近行星只要小質量塵埃即可有足夠旋力繞行星公轉成行星環，遠離行星要夠大旋力的大質量衛星，若行星角動量大則行星環則可較遠就能形成。同理氣體巨星比類地行星所需質量較大。

地震理論（Earthquake）

　　阿爾弗雷德・魏格納教授於 1912 年提出了大陸漂移理論。他認為，所有的大陸在舊時代是結合在一起的，他們其後通過未知的力量而分開。一開始，他的想法被認為是荒謬的，很難被人們所接受。然而，在對海洋地殼進一步的研究發現，海洋地殼實際上在擴大。這種現象發生在大西洋中洋脊。海洋地殼是從大西洋中洋脊產生並蔓延到東部和西部的。我們可以發現，東西海洋地殼從大西洋中洋脊處的左右對稱交替性的地磁反轉形態。而非洲西部和東部南美洲大陸海岸能完美匹配。此外，同一物種的化石可以同時在南美和非洲被發現。因此，南美和非洲在舊時可能是結合在一起的。因此，大陸漂移理論被學界接受，然後板塊構造理論被用來解釋地震和火山爆發的發生。板塊構造理論認為，地殼可分成幾個「板塊」，而這些「板塊」互相推擠對方誘發地震。板塊運動是由海洋地殼的膨脹和大陸漂移引起的。目前，它是對地震發生機制的一個被廣泛接受的理論。

　　然而，板塊構造理論有幾個致命缺陷。首先，在某一點突然發生的地震不應該是由於緩慢的大陸漂移過程。大陸漂移的速度每年 1cm 左右。因此，每 30 年只移動 30 厘米。這是一個非常緩慢的過程，它無法解釋大地震期間的巨大能量釋放。每 30 年 30 厘米板塊運動如何可釋放比 100 倍原子彈更大的能量？緩

慢大陸漂移無法解釋地殼岩石突然運動。此外，板塊構造運動或大陸漂移是一個大範圍的運動，不能解釋地震的單點發生。為什麼不會板塊邊界同時全面發生地震的呢？根據楊氏模量，壓力為 P = F / A = E * （deltaL / L）。由於板塊構造範圍很寬（巨大 L），產生的壓力應該是非常小的。因此，板塊構造理論不能很好地解釋地震的巨大力量。

其次，大陸漂移只有在南美洲和非洲之間得到證明。南美洲和非洲的大陸海岸相合僅意味著有大西洋海洋面積擴大。在南美和非洲類似的化石只意味著南美洲和非洲以前是連接在一起的。對於其他大洲，世界各大洲以前都連接在一起的證據薄弱。因此，我們不能說所有的大洲移動引起地震。

三，板塊構造理論無法解釋板塊內地震。還有一些「熱點」，它有頻繁的地震。例如，從夏威夷每年有很多地震。然而，夏威夷不位於板塊的邊界。此外，存在有巨大的板塊內地震。例如，汶川地震是一個巨大的板塊內地震。板塊構造理論無法解釋這一點。怎樣才能讓位置不在板塊邊界發生地震的呢？根據板塊構造理論，板塊內地震應該是小的或微不足道的。它如何能引起如此巨大和有害的地震，如汶川，唐山，美東或泰國的地震？

第四，在板塊地震理論有邏輯上的謬誤。新洋殼可以從大洋中脊，然後蔓延到雙方產生新的地殼。最古老的洋殼將沉入海溝。它就像一個傳送帶，一個地殼循環的過程。如果老洋殼進入海溝，如何有巨大推擠的能量誘發地震？這是不符合邏輯的。

　　第五，地震波的觀察。在地震中，有縱向 P 波和橫向 S 波。在地震中，我們可以體驗到第一的是上下運動（P 波），然後左右移動（S 波）。如果板塊構造理論是正確的，應該由板塊移動中的水平力開始，將讓我們體驗一個首先沿著左右搖晃的地震波。事實並非如此。只有當地震發生從地卜外展到地上，我們才可以體驗首先上下搖晃的震波。

　　在這裡，我提出地震的新機制。地震實際上是從內部地球電磁輻射（Electro -Magnetic Wave, EMW）釋放，作用於斷層的輻射能量導致地震。地核和地幔的估計溫度在 4000〜5000 絕對溫度。輻射需要從地球內部釋放到外部空間，因為它需要向外擴散到太空，以獲得最大的熵。這些光子會從地球內部擴散出去。斯蒂芬-玻爾茲曼定律的公式為：

$$P = 4 \pi R^2 * \sigma T^4$$

　　輻射功率的單位是每秒焦耳。地球被地殼覆蓋能阻止輻射釋放。這意味著，如果向外發散接觸到地殼內面的輻射會反射回去。因此，這意味著在每一秒，沒釋放出去的輻射能量不斷在地球中積聚。 光輻射若沒遇到斷層或地殼裂隙而反射回來，再放射出去則像衝量累積了動量，直到發射遇到斷層或地殼裂隙順利放射出去。30 年後，總輻射能量達到非常巨大。由於地球內核和地幔具有非常高的溫度，我們可以看到，累計輻射能量可以造成非常不利的影響。積累了幾十年後，累積輻射越來越大，並最終還要被釋放。

我們推測這種輻射從地球內核 5700 絕對溫度而來及其有 1200 公里直徑。

因此，功率= $1.1 * 10^{21}$ 瓦特
即使在一秒鐘，總能量是巨大的。
能量= 1.1×10^{21} 焦耳

我們知道一個典型的原子彈的能量為 $10^{14^.}$ 焦耳

因此，從地心釋放的能量比原子彈大 10^7 焦耳。輻射也可能是從與平均溫度 1000K 地幔釋放。我們假設輻射是從地幔 1 米平方區域，當輻射發出碰到地殼的內側，它會反射回去和積累。然而，當它反射回來，它可能會改變它的方向一點點。 30 年後，該輻射束可以具有大量的能量。這其實就類似於雷射的共振腔原理，光輻射在地球內這天然共振腔來回不斷累積最後成為很大能量。如果它找到一個方向（與折射角），它可以從地殼裂縫和孔發射出來。然後，輻射可以被釋放出來，導致地震。光能量可以通過熱功當量的概念做機械功。地震似一種天然雷射效應。

通常情況下，所述輻射是從地殼裂縫和孔洞釋放。地殼裂隙包括大西洋中脊和大洋周邊海溝。地殼空穴是熱點，如夏威夷。地幔熔岩也可以從這些裂縫和孔洞被釋放。這就是為什麼「火環太平洋」（海溝區域）既有火山爆發又有地震。這就是為什麼夏威夷「熱點」既有火山爆發又有地震。當輻射從內部釋放並穿過地殼，輻射能量可以引起旁邊地殼的物理移動。當輻射向上推動

地殼，然後地殼可以因為重力慣性向下移動。然而，另一個輻射又推動地殼再次向上移動。來回現象引起的地震波出現。

新的理論可以解釋板塊內地震。如果存在地殼斷層，有可能輻射可以通過這些斷層被釋放。它們是天然的地殼間隙，其允許輻射通過。因此，它可以解釋為什麼一些板塊內地震也是非常巨大的。舉例來說，汶川或唐山地震都是巨大的板塊內地震。板塊運動理論不能很好地解釋這個問題。

我們可以看到我們的太陽有類似的效果。當太陽風或太陽耀斑從太陽表面釋放時，其也導致巨大地震波釋放。它被稱為「sunshock」或「sunquake」。我們認為日震和地震的基本機制是相同的：都是由於從內到外輻射釋放。因為太陽有更大的絕對溫度，造成太陽耀斑的日震比大地震甚至更大。而且，太陽耀斑被認為是來自太陽突然的能量釋放。它類似於地震。此外，地震還可以在金星，火星和月亮發生。雖然還沒有對是否有火星板塊的觀察，但月球或金星並沒有板塊，只有地殼孔洞如斷層和火山。如果金星或月亮無板塊，我們怎麼可以用板塊構造理論來解釋他們的地震？

此外，我們必須探討最短的月球至地球距離和地震發生的相關性。 2004 年南亞海嘯地震和 2011/3/11 東日本海嘯地震，有最短的月亮地球距離。在 2011 年，它被稱為 319 超級月球現象。有研究者建議潮汐力可能觸發地震。然而，這一機制是未知

的。如果地震是地殼從裂縫或孔洞之輻射的突然釋放，我們可以完美解釋超級月亮對地震的影響。

在我的書「統一場論」中，我提出光是電磁波和引力波。即光也可以產生重力場（加速度）。因此，當光從地球內部釋放時，它會產生一個向外重力加速度。公式為

$$g=-Lp* \omega^2$$

重力加速度 g 是普朗克長度（LP）和光角頻率平方的乘積。普朗克長度約為 10^{-35} 米。根據牛頓萬有引力公式，超級月亮即月球很接近地球時，月亮對地球放出的電磁波有更大吸引力。我們知道地震光包括可見光和紫外線，它會相應產生一個重力加速度= 10 米/秒 ^{2} 相比於正常地球表面重力場 G =9.8 米/秒 ^{2} 時，會產生巨大的影響。這是地震發生的機制。由於依坡印亭向量則電磁波會產生壓力波，而壓力波會再產生速度波(旋力波)與加速度波(重力波)，此可解釋為何大地震伴有因壓力波引起的地鳴。

在 1950 - 1965 年，世界上有一個強烈的地震週期造成大規模七次 8.5 級地震發生。隨後有 40 年的相對平靜的時期。 2004 年南亞大地震，另一個強烈地震周期開始。還有比規模 8.5 級大的地震發生在 2004 年後，而一個活躍的火山噴發時期也開始在 2000 年後發生。活躍的地震和火山週期表明地球內部的輻射能量已累計超過其極限，需要被釋放出。板塊構造理論無法解釋這一現象。

在這個新的理論，我們也可以解釋不能用傳統的板塊構造理論來解釋的地震現象。地震光是與地震發生前或發生中的一個重要現象。例如，許多人觀察到秘魯地震中白色到藍色光在天空閃耀了整整一夜。板塊構造理論認為，它是由岩石突然變成半導體類物質引起的。因此，岩石可以發光。該機制通過板塊構造理論解釋是很奇怪的，不能接受的。岩石是電中性的，並是簡單的質量無法擁有電荷，即使是岩體加速。地震為什麼可以轉化為岩石半導體？另一種解釋是有地震時石英晶體的壓電效應。石英的壓縮可以誘導電偶極矩。然而，石英成分是在岩石中隨機的。因此，如果有地震引起的壓電效應，淨電偶極矩應該相互抵消。此外，壓電效應應該是地殼內發生，它是怎樣導致的天空地震光照耀？第二種解釋也是錯誤的。此外，無線電干擾和電離層異常在地震前或發生時可觀察到。電磁場異常或紅外光異常也可由衛星或其他儀器在大地震中觀察到。一些研究人員還指出，動物行為的一些變化。如果地震是電磁輻射的釋放，我們可以很容易地解釋地震可見光，無線電干擾，EM wave /電離層異常，電磁場異常和紅外光異常。動物行為的改變可能是由於一些動物可以感知電磁波的變化而導致。

在大多數地震觀測的，紅外光在地震前較常看到。然而，UV異常信號較少看到。在這裡我們將推測原因。當輻射束從地幔向外部空間發射的，它必須經過折射。它像光從水放出到空氣中。由於輻射能量積累，它不是直接從地幔下方地殼裂縫或孔洞放出。會有一個折射角。折射率是：

斯涅爾定律：N = C /V（C：在空氣或真空光速，V：在介質中光速）

在折射，有一個稱為色散的物理現象。這是不同的波長有不同的折射率。紅光具有更長的波長具有較少的折射率; 藍色光具有更短的波長具有更大的折射率。根據上面的公式，紅光具有較小的 N 和更快速的 V（光速 C 是常數）。因此，這意味著與更長波長的輻射發射在地幔釋放更快。我們假定從地球上的輻射構成的輻射是廣頻的。因此，具有較長波長的輻射將從地心更快被釋放掉。這就是為什麼具有更長的波長的紅外或無線電信號會在地震前發生。這種情況是地震預報重要的現象。因為與更短的波長的輻射與較高的能量相關聯，則短波長輻射是更能夠使地震破壞性影響。（E = hf）。然而，更長的波長和能量較小電磁波的發射速度更快，我們可以把它們作為預警信號。此外，我們可能會看到地震中的一個輻射光譜的變化。它應該是紅外信號，然後再可見光諸如地震光，最後 UV 光譜的光。輻射光譜的這一系列變化也能幫助我們的地震預報。最近的一篇綜述研究指出，真的是有地震發生前 EM wave 頻率變化。

我們可以研究地震和電磁輻射的連結是否具有因果關係的各項標準。首先，我們檢查強度關聯。更強的地震都伴隨著強烈的電磁輻射信號及越來越強烈的電離層異常。其次，我們再來看看一致性。所有測量地震可以檢測 EM 輻射的釋放。第三，我們可以看到的時間性。紅外異常與地震前或地震的發生過程中檢測到。第四，我們研究的合理性。由電磁輻射導致能量的釋放地

震比當前板塊構造理論更有道理。當前板塊構造理論無法解釋這樣的突然單點和劇烈運動的驅動力。有人說,板塊運動是地幔對流驅動。然而,這種持續緩慢履帶型熱運動如何能引起突發強力的的的災難?電磁輻射即是重力波含有加速度場。你可能會說熱輻射可能是由於地殼加速。然而,事實是相反的。實際是地震期間從內部地球熱輻射轉化到地殼加速度。若基於板塊構造學說,突然發生的地殼加速沒有合理的理由和動力。板塊總是不斷地慢慢移動,我們無法找出板塊運動和地震的發生之間的時間關係。此外,我們從未觀察,檢測或證實更加旺盛板塊運動有直接連結到一個更加巨大的地震。板塊構造理論也有一致性的缺陷。在汶川大地震,這次地震沒有發生在板和板的邊界。如何板塊構造運動引起如此巨大的地震嗎?

前面章節提到真空空間會因重力場而生簡諧運動振動,故太陽或地球都有簡諧震盪如地球的舒曼波:

$$f = \frac{c}{2\pi a}\sqrt{n(n+1)}$$

若地球半徑 $a=\lambda/2\pi$ 類比於簡化的康普頓波長,則可解釋為何舒曼波等 SHM 波的存在。

最後補充個紅巨星與恆星演化推演過程:太陽因核融合產生氦核心而增加了太陽的質量,由於重力加速度增加而依盎魯效應使溫度增加,輻射壓以溫度的四次方增加故太陽膨脹至紅巨星,但溫度與半徑成反比則膨脹後太陽溫度降低其向外膨脹加速度反成為 $1/r^4$ 與向內重力加速度 $1/r^2$ 無法抗衡故太陽又向內收縮達一定溫度又啟發下一階段核融合,如此循環至變白矮星。以及補充統一場論書中宇宙的起源,由兩束普朗克頻率光造成

的正反物質普朗克電荷質量對，其中正質量坍塌成黑洞，而負質量在史瓦西解是時間倒流的白洞，白洞物質只會向外運動，因此受正質量黑洞吸引而造成黑洞輻射，造成大爆炸宇宙起源。

綜上所述，我們認為這新的地震理論是地震發生的實際機制。板塊構造理論無法幫助做地震預報。這種新的理論可以解釋地震光之由來。如果我們可以監視或異常檢測地震前輻射（地震光，無線電干擾，EMW 異常，紅外光異常），我們也許能夠知道在何時何地地震會發生。地震是非常巨大的和有害的。大約有 100 萬人在之前的四川大地震喪生。當前大陸漂移／板塊的震理論是錯誤的，這種錯誤理論阻止我們做地震預測。我們真誠地希望這個新的理論可以用在地震預報有助於避免人命巨大損失。

參考文獻

1. Martinez-Oliveros J.C. et al. Helioseismic analysis of the solar flare-induced sunquake of 2005 January 15 II. A magnetoseismic study. Monthly Notices of the Royal Astronomical Society 389,1905-1910 (2008)

2. Hedervari P. Earthquake light phenomenon Nature 301,368 (1983)

3. Lloyd J.J. Earthquake light Science 193,1070 (1976)

4. Richter C.F. Earthquake light in focus Science 194,259 (1976)

5. Kamogawa M. et al. Earthquake light: 1995 Kobe earthquake in Japan Atmospheric Research 76,438-444 (2005)

6. Biagi P.F. et al. LF radio anomalies revealed in Italy by the wavelet analysis: possible preseismic effect during 1997-1998. Physics and Chemistry of the Earth, Parts A/B/C, 31, 403-408 (2006)

7. Biagi P.F. et al. Possible earthquake precursors revealed by LF radio signals Nature Hazards and Earth System Sciences 1,99-104 (2001)

8. Liu J.Y. et al. Seismoionospheric GPS total electron content anomalies observed before the May 2008 Mw7.9 Wenchuan earthquake Journal of Geophysical Research 114,1-10 (2009)

9. Ruzhin Y.Y. et al. Earthquake precursors in magnetically conjugated ionosphere regions Advance in Space Research 21,525-528 (1998)

10. Liu J. Y. et al. Seismo-ionospheric signatures prior to M>6.0 Taiwan earthquakes Geophysical Research Letters 27,3113-3116 (2000)

11. Fujiwara H. et al. Atmospheric anomalies observed during earthquake occurrences Geophysical Research Letters 31,L17110 (2004)

12. Ni S.D. et al. Energy radiation from the Sumatra earthquake Nature 434,582 (2005)

13. Uyeda S. et al. Electric and magnetic phenomena observed before the volcano-seismic activity in 2000 in the Izu island religion, Japan PNAS 99,7352-7355(2002)

14. Uyeda S. et al. Geoelectric potential changes: possible precursors to earthquakes in Japan PNAS 97,4561-4566 (2000)

15. Varotsos P.A. et al. Electric fields that arrive before the time derivative of the magnetic field prior to major earthquakes Physical Review Letters 91, 148501(2003)

16. Ouzounov D. and Freund F. Mid-infrared emission prior to strong earthquakes analyzed by remote sensing data Advances in Space Research 33,268-273 (2004)

17. Tronin A. A. et al. Thermal IR satellite data application for earthquake research in Japan and China Journal of Geodynamics 33,519-534 (2002)

18. Fujinawa Y. et al. Emission of electromagnetic radiation preceding the Ito seismic swarm of 1989 Nature 347,376-378 (1990)

19. Fujinawa Y. et al. Experiments to locate sources of earthquake-related VLF electromagnetic signals Proc. Jpn. Acad 73,33-38 (1997)

20. Oike K. et al. Electromagnetic radiations from rocks J. Geophys. Res. 90,6245-6249 (1985)

21. Varatos P. et al. Physical properties of the variations of the electric field of the earth preceding earthquake Tectonophysics 110,73-98 (1984)

22. Ikeya M. et al. Electric shocks resulting in seismic animal anomalous behaviors J. Phys. Soc. Jpn. 65,710-712 (1996)

23. Chen ZY. Et al. The observation and research on pre-earthquake electromagnetic radiation information Acta Seismologica Sinica 6,485-494 (1993)

24. Lin JW Principal component analysis method in the detection of total electron content anomalies in the 24hrs prior to large earthquakes Arab J Geosci online 2010 October

25. Biagi RF Possible earthquake precursors revealed by LF radio signals Natural Hazards & Earth System Science 1,99-104 (2001)

26. Fujinawa Y et al. Electromagnetic radiations associated with major earthquakes Physics of the Earth & Planetary Interiors 105, 249-259 (1998)

27. Kamogawa M Preseismic lithosphere-atmosphere ionosphere coupling Eos 87,417-424 (2006)

龍捲風理論（Tornado）

　　龍捲風是一種有害的自然災難。它通常會導致巨大的生命和經濟損失。然而，龍捲風的確切機制仍是未知。在這裡，我提出一個新的理論來解釋龍捲風成因。我衷心希望這個新的理論可以用在龍捲風的預測以助於防止龍捲風引起的災害。龍捲風發生的最令人費解的部分是風旋轉的起源。雖然不少龍捲風跟隨科里奧利力的原則，但也有很多例外。科里奧利力可成功地應用於較大規模的風暴，如颶風或颱風來解釋他們的旋轉方向。科氏力其實是與旋力密切相關的，由於大質量木星快速旋轉具有極大旋力，因此木星的氣旋大紅斑可長期維持。以地球的颱風或颶風為例，若赤道附近有氣流因地球旋力而有速度沿地球自轉移動，就會產生一股向外的作用力使氣流移動，這可解釋颱風或颶風外圍環流的形成。然而，科里奧利力無法成功地預測龍捲風的旋轉方向。在我著作，我建議電荷相對論來描述電荷導致時空漩渦。事實上，我認為電荷也對龍捲風發生起了非常重要的作用。龍捲風風的旋轉實際上是電荷引起的時空渦流。

　　統一場論一書中，旋力依把角速度當純量(二維)或向量(三維)有兩種：

$$F = m(g + \omega S)$$
$$F = m(g + \omega \times S)$$

第二種重旋洛倫茲力情況即可類比於科氏力。

大多數龍捲風開始於一個大的雷暴。雷暴是一個巨大的雲帶其電荷量很大。為什麼雲攜帶電荷？我們可以先來看一下閃電的產生機制。在圍繞我們地球的空間中，有兩個攜帶電荷量很大的波段被稱為范艾倫輻射帶。外范艾倫帶組成的是電子，所以它是負電荷。內范艾倫帶是由質子組成，所以它是帶正電的。這兩個范艾倫輻射帶會圍繞地球是因為地球的重力和磁力。電子比質子輕，所以它們形成外范艾倫帶。這兩個范艾倫輻射帶也受到地球的旋力，所以赤道上空有更多的電子和質子電荷群。因為內范艾倫帶為正電，我們的地球的地面可以被動的有負電荷。作為雷暴形成，濕潤巨大雲的底部可以因為地球表面負電荷而有反應正電荷。當雲累積電荷量很大，濕度增大，會提高導電率發生閃電。濕度也可以幫助在 H_2O 在雲中容易溶解變為 H^+ 和 OH^- 離子。因此，降雨通常與閃電有關。

龍捲風也是由於雷暴雲中積累的電荷。90％以上的龍捲風從一種稱為超級單體（Supercell）雷暴發展出來。更強的超級單體與較強的龍捲風有相關性。超級單體在龍捲風來臨之前發生。超晶胞含有中尺度氣旋，有組織的旋轉面積在大氣中達到幾英里，通常 1-6 英里寬。大量的電荷在雷暴雲中累積後，雲底部可以吸引近地面空氣中的相反電荷。因此，除了超晶胞，另有一個重要因素。也就是造成風的旋轉移動的電荷相對論。由於靜電會造成時空漩渦，近地面的空氣可以被螺旋吸引到帶電雲層。因此，龍捲風形成。這就是為什麼龍捲風通常是與雷電有關。由於

相比於牛頓萬有引力的庫侖靜電作用力非常強，龍捲風的速度可以非常快。因此，龍捲風是非常有害的。龍捲風的旋轉方向是由雷暴的正或負電荷決定。因此，龍捲風既可以是順時針或逆時針。然而，由於我們的地球表面是大多帶負電荷，我們可以看到大多數龍捲風有一定的自旋方向。在最近的研究中有被證實此點。在龍捲風或颱風都有風眼現象，其旋轉方向與外圍環流方向相反，敝人提出可能是機轉類似於磁的 Einstein-de Hass effecty 因角動量守恆造成，當外圍環流開始因外力沿某方向旋轉，中心氣流則因角動量守恆會沿其反方向旋轉，這可解釋風眼的成因。

　　龍捲風通常在赤道附近發展出來。有兩個原因造成這種現象。首先，有熱電關係。閃電通常發生在高溫區。它可以是由於熱能轉化為電能。這個原因也可以解釋為什麼龍捲風通常發生在春末和夏季下午，這是一天和一年中最熱的時期。第二，范艾倫帶在赤道區域的上方最厚。因此，在赤道區域有最高的可能性造成大氣反應電荷。因此，閃電和龍捲風容易地發生在赤道地區。值得一提的是，雷電不僅與溫度有關，也與濕度有關。有一個溫度-電荷關係：
V = kT / q（V：電壓，K =玻茲曼常數，T：絕對溫度，q=電荷）

　　這個公式可以解釋電荷-溫度關係。熱能可以轉化為電能。

　　有許多證據指出龍捲風是通過電荷相對論驅動的。首先，在龍捲風通常可檢測到異常電場。並且，在龍捲風風力旋轉加速的電荷應該發出電磁輻射。因此，這並不奇怪可以在龍捲風檢測出

電磁信號。第二是閃電和龍捲風之間的關係。雲層龍捲風到達地球表面時閃電活動下降，當龍捲風升起時才返回到原來的水平，。可以解釋如下，如果有與地面相反電荷經由龍捲風直接接觸。直接接觸時的雲層電荷被抵銷，當龍捲風升起時，雲層電荷才可以恢復和提高雷電活動。這些證據有力地表明，電荷相對論中起著龍捲風生成中起重要作用。

我們也可以用這個模型來解釋水龍捲和陸龍捲。古典龍捲風是雲層電荷吸引近地面空氣中的相反電荷。在水龍捲，帶電的雲可以從海上或湖，吸引攜帶相反的電荷的水。在陸龍捲，帶電的雲可以從地面吸引與它帶有相反電荷的塵土。然而，由於水和塵土有質量，水龍捲和陸龍捲的威力較弱，他們比傳統的龍捲風有更短的壽命。

美國比任何一個國家有最多龍捲風，估計比全歐洲的四倍多。這主要是由於大陸的特殊地理環境。北美是一個大型大陸，從熱帶向北進入北極地區的延伸，沒有大的東西向山脈擋住兩個地區之間的空氣流動。這就是為什麼龍捲風通常發生在美國，尤其是在中西部地區。我認為這新的龍捲風理論是非常有趣的。如果我們知道龍捲風發生的實際機制，我們可以開發預測龍捲風更好的方法。例如：我們可以檢測電磁信號來預測，是否龍捲風將要發生。我們也可以有方法來銷毀龍捲風。我們可能會發出電荷炸彈來抵銷龍捲風的電荷防止龍捲風發展或形成。我很期待這個新理論的應用！

　　補充 stress energy tensor 因為動量 P=qA，所以動量密度與能量通量可與電場做連結(q=c=1)，動量通量(J=dI/dA= ρ V)與剪應力(如磁滯原理)可與磁場做連結，可合理解釋應力能量張量。諾特定理時間能量對稱與重力場有關，位置動量對稱與電磁場有關，角度角動量對稱與旋力場有關。又光子以光速運動其半徑不會縮短乃因其半徑為 λ /2π此時分子分母都用洛倫茲因子校正故公式不變。

　　最後補充納維史托克方程式的解問題，由於流體必然存在重力(因有質量)，因此體力項不可能為零，因此可與方程式左邊的加速度項對消使方程式簡化(等效原理)，且壓力項就可用動壓帶入，最後就能把方程式化約為帕松方程式求出解。壓力項即為動壓可由下列公式推導而得：

$$m\frac{dv}{dt} = F$$

$$\rho A dx \frac{dv}{dt} = -A dp$$

$$\rho \frac{dv}{dt} = -\frac{dp}{dx}$$

$$\frac{dv}{dt} = \frac{dv}{dx}\frac{dx}{dt} = \frac{dv}{dx}v = \frac{d}{dx}\left(\frac{v^2}{2}\right)$$

$$\rho \nabla \frac{1}{2} v \cdot v = -\nabla p$$

納維史托克方程：

$$\rho \left(\frac{\partial v}{\partial t} + v \cdot \nabla v\right) = -\nabla p + \mu \nabla^2 v + \rho g$$

$$v \cdot \nabla v = \nabla \left(\frac{1}{2} v \cdot v \right) - v \times \nabla \times v$$

$$-v \times (\nabla x v) = \lambda \nabla^2 v = \frac{\mu}{\rho} \nabla^2 v$$

$$\mu \nabla^2 v + \rho v \times (\nabla x v) = \mu \nabla^2 v - \rho 2\omega \times v = 0$$

得有解之帕松方程:

$$\nabla^2 v = \frac{\rho}{\mu} * 2\omega \times v = \frac{\rho}{\mu} * 2\omega^2 \times r$$

參考文獻

1.Williams ER The Schumann resonance: a global tropical thermometer Science 256, 1184-1187 （1992）

2.Tatom F et al. Tornado detection based on seismic signal Journal of Applied Meterology 34,572-582 （1995）

3.Leeman JR et al. Electric signals generated by tornados Atmospheric Research 92, 277-9 （2009）

4.Perez AH et al. Characteristics of cloud-to-ground lightning associated with violent tornadoes Weather and Forecasting 12,428-437 （1997）

參、萬物理論生物篇

蛋白質世界與同手性（Protein world & homochirality）

　　手性（Chirality）是由於光偏振化學分子的一個基本特徵。因此，生物分子如糖和氨基酸有兩種形式的手性：右旋（D-型）和左旋（L-型）。雖然 L-糖和 D-氨基酸可以在化學合成和無機化合物被發現，在生物系統中最相關的生物分子是 D-糖和 L-氨基酸。因此，所有的蛋白質都是由 L-氨基酸，並且所有的 DNA 以及 RNA 是由 D-糖構成。並且，生物體只使用或代謝 D-糖包括 D-葡萄糖，D-果糖和 D-核糖。在生物系統中，存在同手性（Homochirality）適用於所有的氨基酸和糖。為什麼生物系統選擇 L-氨基酸和 D-糖？什麼是生物的同手性的原因和後果？在這裡，我將提出一個機制來解釋的生物同手性。我把這種進化過程中 L-氨基酸和 D-糖優勢叫做對稱破缺。

　　由於李政道和楊振寧發現在弱相互作用中宇稱不守恆原理，研究人員提出了宇稱不守恆效果可以是在生物系統同手性的原因。敝人認為這是可能的起因。弱交互作用可以產生自旋極化電子，而研究顯示此自旋極化電子傾向破壞 D-胺基酸。但是，這種傾向只會造成 2%的差異。但是後來又有其他機制放大了此效應，造成生物系統同手性。

目前最被廣泛接受的自然發生論是 RNA 世界假說。原因是 RNA 不只是中間細胞信使。它也可以作為一種催化劑使自身合成。它也像 DNA 一樣可以儲存和繼承信息。此外，許多輔酶如三磷酸腺苷等都是由核糖核酸構成。因此，RNA 被認為是地球的原始生物物質。然而，這種假設有幾個缺陷。首先，在炎熱的原始海洋狀態不容易形成核糖。核糖形成需要酶催化的幫助。二，RNA 鏈並不穩定。RNA 生成鍊延長若無酶幫助下，它很容易被水解。三，為什麼所有 RNA 的核糖是 D-核糖？如果 RNA 是早期開始的生物物質，為何是純 D-核糖的？如果 D-核糖 RNA 加入 L-核糖則 RNA 合成終止。四，學者認為是 RNA 的合成需活化如 ATP 的磷酸基。如果不存在酶的幫助下，將 RNA 鏈將成為 5'-5'-焦磷酸連接而不是正確的 3'-5'磷酸二酯鍵。此外，錯誤的二分子將不允許額外的核苷酸進一步連結而中止合成。第五，RNA 的自我複製的能力是有限的。對於長 189 個鹼基對的核酶，它可以合成最長 14bp 的 RNA，這太短複製和繼承遺傳信息。第六，相比 DNA 或蛋白質，RNA 是相對不穩定的分子，特別是在原始的高溫環境。因此， 若 RNA 擔任了主要的原生物質。它很容易被降解。第七，但仍然沒有現有的熱力學上乾相合成來結合嘧啶鹼基和核糖。第八，糖基地的加入可以是或 α 或 β 呋喃糖（furanose）或吡喃糖（pyranose）形式。對於核酸，它必須是正確的 β-呋喃糖形式。如果沒有酶的幫助，不容易得到正確的形式。第九，紫外光在原始的環境可以迅速銷毀 RNA 分子。早期開始的 RNA 的生物材料甚至難以維持。

在這裡，我將贊同一種稱為蛋白質世界（protein world hypothesis）的假說。目前的中心法則是 DNA-> RNA->蛋白質。我認為進化過程是正好相反：蛋白質> RNA-> DNA。蛋白質實際上是地球最早期的生物材料。在奧帕林-霍爾丹假設（Oparin-Haldane Hypothesis）早期地球環境，應該有的化學物質，包括甲烷，氨，水，硫化氫，二氧化碳，一氧化碳，磷酸鹽，氧和臭氧。在著名的米勒 - 尤列實驗（Miller-Urey experiment），容器含水，甲烷，氨，氫氣用電刺激以模仿在早期地球的情況，發現可以產生 30-40 種氨基酸（原實驗可產生 11 個氨基酸，修改後的實驗可以生成所有必需的 20 氨基酸），胺基酸是蛋白質的基礎。沒有任何核酸在這些實驗中被發現。肽也可在這些實驗中發現。氨基酸可以自發地形成肽，多肽，類蛋白和蛋白質。並且，它比 RNA 分子更穩定。Sutherland 等學者已經用乙醇醛（glycolaldehyde），glyceraladehyde，甘油醛 -3 - 磷酸（glyceraldehyde-3-phosphate），氨腈（cyanamide），丙炔腈（cyanoacetylene）以生成含 cytidine 的核糖核苷酸（RNA）。然而，這些化學物質都比較複雜。它不容易在早期地球環境存在，尤其是沒有酶的幫助下產生。基於尤里實驗，氨基酸應該是地球上最早期開始的生物材料。

然後，氨基酸可以通過肽鍵自發形成多肽或蛋白質。除了前面提到弱作用產生的自旋極化電子傾向破壞 D-胺基酸外，研究也顯示形成 L-胺基酸的能量比形成 D-胺基酸的能量更低。但是這差別可能只有 2%。如何放大此效應？敝人推測是 L-胜肽的自催化效應，也就是由 L-胺基酸形成的 L-胜肽利用酶素的活性更

催化了自我產生，最後 L-胺基酸在演化中佔了優勢。催化蛋白
質合成的核醣體蛋白具有只對 L-胺基酸的特異性，因此只會生
成 L-胜肽。研究顯示核醣體蛋白是在所有生物形式中最具一致
保留性的蛋白質之一。在 40 種 small ribosomal subunits 中，有
15 種在原核或真核生物均有一致保留性。而在 large ribosomal
subunits 中，有 18 種在原核或真核生物均有一致保留性。可以
輔證此假說。之前有學者認為 rRNA 可以催化胜肽鍵的形成而支
持 RNA world hypothesis，但是不要忘了核糖體仍需核醣體蛋白
質的存在，只有 rRNA 存在不足以支持蛋白質合成，而且與蛋白
質相比 RNA 分子的催化能力極有限，一個純粹只有 RNA 的原始
世界實不可能。

　　除了上述的電弱理論造成的微小 L-胺基酸和 D-胺基酸的差
異，敝人認為更重要的決定因子是蛋白質的二級結構：α-helix 和
β-sheet。根據拉氏構型圖(Ramachandran plot)對二面角 Ψ(Cα-C
的旋轉角度)和 φ(Cα-N 的旋轉角度)來作圖，此圖要找出蛋白質
構成的空間阻礙。發現 L-胺基酸傾向於形成右旋α-helix 而 D-胺
基酸傾向於形成左旋α-helix，這兩種不同構成是經由拉氏構型
圖所允許的構成(拉氏構型圖左下角)。另外重要的是β-sheet，L-
胺基酸形成的β-sheet 落在拉氏圖左上角可允許構成的區塊，而
D-胺基酸形成的β-sheet 落在拉氏圖右下角不可允許構成的區塊。
另外 Polyproline helix 和β-sheet 也有相似情形。因此為成功形
成蛋白質二級結構進而構成三級結構成為催化功能的酶，L-胺基
酸比 D-胺基酸更具演化的優勢。自然界找到的α-helix 主要是右

萬物理論（第五 PLUS 版）
Theories of Everything V+

旋，右旋由 L-胺基酸構成的α-helix 會把 R group 放在外側減少空間阻礙，右旋α-helix 構成的酶可自催化產生更多的優勢 L-胺基酸不斷放大並構成更多右旋α-helix。同樣的，β-sheet 構成的酶也可自催化產生更多的優勢 L-胺基酸不斷放大，這是正向回饋(positive feedback)。不管是α-helix 或一起由β-sheet 構成的酶都將催化更多的 L-胺基酸產生，造成同手性的起源。也有研究指出右旋α-helix 更易催化出 D-sugar，如此胺基酸和糖的同手性就能獲得解決。諾貝爾獎研究中，proline 就是不對稱催化胺基酸。

在最近的研究中，有那麼一個引人注目的發現，L-氨基酸能催化 D-糖的形成。根據原始生命條件下，甘油醛（glyceraldehyde）的合成由甲醛（formaldehyde）與乙醇醛（glycolaldehyde）的反應可通過 L-氨基酸的催化。然後，1：1 D-sugar/L-sugar 比率可以選擇性被放大到 92：8。D-核糖可以通過 D-甘油醛合成。因此，越來越多的 D-核糖可以合成。此外，一項研究表明，L-纈氨酸-L-纈氨酸（L-Val-L-Val）能催化 D-四碳糖如 D-赤蘚糖（D-erythrose）形成具有>80％過量比率的 L-對映異構體。在另一項研究中，LL-肽（LL-peptides）可以是催化劑使 D-核糖形成。接著，越來越多的 L-氨基酸可由於 D-糖和 L-氨基酸的共同演化來合成。另外，通過 L-氨基酸製造更高的催化酶可以產生更多 D-糖和 L-氨基酸的合成，以進一步擴增這兩種成分成為正反饋。例如，己糖激酶（hexokinase）為合成的糖-磷酸（sugar-phosphate）的酶，是碳水化合物代謝的第一個和限速步驟。己糖激酶僅限於 D-糖。最後，D-糖和 L-氨基酸的完全放大發生。由 L-氨基酸形成

的肽可以被認為是蛋白酶。化學反應產物的對映異構體的比例通常是依賴於酶。此外，D-核糖形成必須需要先有 L-氨基酸構成的蛋白酶的存在。因此，蛋白質必須先於 RNA 的存在。如果糖的對映異構體是由 L-氨基酸的決定，這可以解釋為什麼所有的糖如 D-核糖，D-核酮糖，D-葡萄糖，D-果糖，D-半乳糖和 D-甘露糖是所有 D-糖。此外，這糖和蛋白質用相同的對映體形成的，這是另一正反饋。D-核糖的 RNA，傾向 L-蛋白質的合成。以上原因造成生物同手性的起源：對稱破缺的 D 型糖和 L-氨基酸。

薛定諤（Schrodinger）首先提出，生命是由於吸收來自環境的負熵。因此，它可以抵消由生物有機體本身所產生的正熵。後來，普里高津博士（Prigogine）提出了耗散結構理論。他認為生命是由耗散結構構成是相反於熱力學第二定律。耗散系統必須具備以下幾個特點。首先，該系統必須是一個開放系統。它需要不斷地從外界環境交換能量和物質。它不是像一個孤獨的系統，只服從熱力學第二定律。一個開放的系統，可累積生物有機體內部的負熵，以產生有序的生物有機體。二，系統應遠離平衡。如果系統處於或接近熱力學平衡位置時，系統不能輕易維持它而會回落到原來的系統原點，服從熱力學第二定律積累正熵。所以，必須有讓系統遠離平衡的機構。第三，非線性關係。該系統必須是非線性的。目前的物理定律通常是線性的。必須有用於生物有機體的所產生正或負反饋的非線性關係。四，基因突變/波動。也就是必須有波動的系統。如果系統有波動或突變，它有機會擴增這種波動或突變再通過正反饋機制來遠離平衡狀態。此

外，該突變將讓所述生物的生物多樣化。這是生物有機體的進化
起源。

　　生物有機體的產生就像是一個物理自發對稱性破缺。如果
我們要假設蛋白質作為早期開始的生物材料，我們將需要檢查
它是否符合耗散結構的要求。在原始地球的環境，宇宙的溫度更
高而光線和輻射要高得多。因此，蛋白質的生物有機體可以更容
易地從外部環境獲得能量，以保持負熵。它滿足了開放式系統。
蛋白質可以具有催化能力。因此，它可以通過複製產生越來越多
本身。這是非線性的正反饋機制。一次又一次的正反饋機制將讓
蛋白質生物有機體遠離熱力學平衡，避免了熱力學第二定律。最
後，關於突變。蛋白質也可能發生變異以反應外部環境。此可
由 prion 實驗中觀察到。傳染給不同的動物 prion。它會產生不
同的突變，以適應不同的動物。因此，蛋白質可以被認為是基於
耗散結構的最早的生物有機體。Prion 的發現代表蛋白質也可以
是生命遺傳物質。

　　我們可以用耗散結構理論來研究其他的假設，如代謝第一
理論（metabolism-first）或複製第一理論（replication-first）或脂
質世界假說（lipid world hypothesis）。如果蛋白質是早期開始的
分子，它可以同時相合於代謝第一和複製第一理論。然而，正反
饋自催化是關鍵。至於脂質世界理論，脂質是不容易自我複製而
通過正反饋造成非線性。此外，波動/突變性在脂質要少得多。
因此，脂質是不適於耗散結構。然而，生物有機體仍然需要脂質
在後期產生。脂類可以設置生物（耗散結構）的邊界。透過蛋白

插入脂質層，生物有機體仍然可以選擇性地從外部環境吸收能量（負熵）和物質。它也可以釋放出廢物給外部環境（正熵）。因此，脂質層可以幫助生物有機體有選擇性的優勢。這是電池的崛起。在脂質層的脂蛋白就像麥克斯韋妖。

即使是蛋白質具有應對環境自然天擇的功能。它的突變是唯一的結構變化。它不能產生更多樣化的生物有機體以面對不斷變化的外部環境。因此，進化的力量會讓 RNA 和 DNA 產生，造成更多的突變和多樣化。相比於 DNA，RNA 比較容易合成和開發。因此，我們可以合理地假設一個 RNA 聚合酶的原始發生。這種原始的 RNA 聚合酶能產生無 RNA 模板的 RNA。RNA 聚合酶的生成後，核糖與 rRNA 和核糖核蛋白可以得到發展。因此，蛋白可以生成 RNA 和 RNA 能生成蛋白質以允許一個正循環，以維持系統。RNA 世界理論認為 RNA 是早期開始的生物材料。許多酶的輔因子是核糖核酸。然而，這些輔酶只是酶的一部分。如果沒有蛋白質的酶，這些核糖核酸輔酶因子將是沒有意義的。此外，Urzyme 的發現還表明對於 tRNA 的進化和遺傳密碼 coden 發展預先存在有蛋白質的作用。因為在自然發生的早期階段應有 RNA 聚合酶，RNA 聚合酶應有一致保留性（conserved sequences）。我們可以觀察到來自廣泛不同病毒 RNA 聚合酶具有強烈一致保留性。這意味著 RNA 聚合酶在生命演化初期發揮了重要作用。而相比之下，核糖相比 RNA 聚合酶有更多多樣性。核糖應該用作系統發展，來產生不同的物種。基於進化原理，核糖應該比較 RNA 聚合酶稍後再發展出來。另外有學者提出核糖體的演化是來自 RNA 聚合酶。Ikehara 曾提出 GADV protein world hypothesis，類比於 GNC hypothesis 他認為最初的蛋白質世界由 G（glycine, coden GGC），A（alanine, coden GCC），D（aspartic acid, coden GAC），及 V（valine, coden GUC）演化而來，這理論很有可能。值得注意的是 RNA 聚合酶的一致保留序列為 NADFDGD 而其被認為是由 DADVDGD （DXDGD motif）序列演化而來，相符於 GADV protein world hypothesis。

此外，還有為 RNA 依賴性 RNA 聚合酶和端粒酶之間的結構相似性。端粒酶是 RNA 引子的 DNA 生成酶。因此，端粒酶可以衍生自 RNA 聚合酶的進化。因此，DNA 在演化中誕生。另一個原因是 DNA 複製需要 RNA 引子。因此，進化樹中 RNA 應早於 DNA。DNA 的優點在於它可以形成雙螺旋結構。DNA 可造成性別組合，使生物有機體進化的速度更多樣性。DNA 可以存儲信息。它可以保持穩定遠離熱力學平衡。並且，它可以讓更多的突變/波動產生允許演化的驅動力。最後，DNA 將成為佔生物有機體主導地位的生物物質。RNA 成為中間分子的正反饋，以及非線性負反饋機制（RNAi）物質。並且，蛋白質是專門的結構和功能生物物質。因此，蛋白質-> RNA-> DNA 的演化變成 DNA- > RNA - >蛋白質的 central dogma。

參考文獻

1. Powner MW, Gerland B, Sutherland JD: Synthesis of activated pyrimidine ribonucleotides in prebiotically plausible conditions. Nature 2009, 459（7244）: 239-242.

2. Reuben J: Chemically-selective nucleotide-amino acid interactions in aqueous solution. A PMR study. FEBS Lett 1978, 94（1）: 20-24.

3. Breslow R, Cheng ZL: L-amino acids catalyze the formation of an excess of D-glyceraldehyde, and thus of other D sugars, under credible prebiotic conditions. Proc Natl Acad Sci U S A 2010, 107（13）: 5723-5725.

4. Pizzarello S, Weber AL: Stereoselective syntheses of pentose sugars under realistic prebiotic conditions. Orig Life Evol Biosph 2010, 40（1）: 3-10.

5. DeRose VJ: Two decades of RNA catalysis Chem & Bio 2002,9: 961-969

6. Lacey JC: Ribonucleic acids may be catalyst for the preferential synthesis of L-aa peptide JME 1990 31: 244

7. Ulbricht, T.L.V. & Vester, F., Tetrahedron 1962,18: 629-63727

8. van der Gulik PT, Speijer D. How amino acids and peptides shaped the RNA world. Life （Basel）. 2015 ;5（1）: 230-46

9. Iyer LM, Koonin EV, Aravind L. Evolutionary connection between the catalytic subunits of DNA-dependent RNA polymerases and

eukaryotic RNA-dependent RNA polymerases and the origin of RNA polymerases. BMC Struct Biol. 2003 ; 3: 1.

10. Ikehara K. Pseudo-replication of [GADV]-proteins and origin of life. Int J Mol Sci. 2009 ;10（4）: 1525-3724

11. Harish A, Caetano-Anollés G. Ribosomal history reveals origins of modern protein synthesis. PLoS One. 2012;7（3）: e32776

12. Liu SB, Homochirality is originated from handedness of helices. J. Phys. Chem. Lett. 2020, 11, 20, 8690−8696

13. Towse CL et al. Nature versus design: the conformational propensities of D-amino acid and the importance of side chain chirality. Protein Engineering, Design and Selection 2014,11: 447-455

演化和滅絕（Evolution & extinction）

達爾文的演化論解釋物種的來源（Dead or Alive Race WIN）。不過，他並沒有很好的解釋滅絕的現象。滅絕是一個重大的自然選擇過程。這是進化的主要驅動力。然而，滅絕的根本原因並不清楚。有在地球歷史上有 5 次大規模的物種滅絕。此外，還有在地球歷史上共 23 小的滅絕事件。最有名的大規模滅絕事件是 KT 滅絕事件。在這最後一次大規模滅絕，所有的恐龍在這個悲劇中死亡。一個眾所周知的理論來解釋 KT 滅絕事件是彗星或小行星的撞擊理論。學者認為，小行星或彗星在 KT 時期撞擊我們的地球。在 KT 衝擊（KT impact）造成巨大的全球氣候變化，並讓動物和植物消失。然而，這一理論不能解釋其他四個大規模滅絕或其他輕微滅絕事件。沒有證據顯示有其他的小行星或彗星撞擊我們的地球造成其他滅絕事件。我們需要一個共同的機制來解釋為什麼有在地球上反覆滅絕事件。此外，在 KT 撞擊理論有幾個缺陷。我將在稍後的段落中討論這個問題。

在這裡，我建議所有的滅絕事件的新機制。這些主要和次要滅絕事件的原因是由於米蘭科維奇週期（Milankovitch cycle）。米蘭科維奇週期被用來解釋地球的冰川時期成因。我們的地球正在發生氣候變化，由於下列原因：1.軌道離心率，我們的地球是繞著太陽偏心公轉。2.地軸傾斜（obliquity）。 3. 地球進動，

我們的地球圍繞著太陽公轉時會進動。4.軌道傾角。綜合上述原因，我們的地球可能處於極熱或極冷的時期。在寒冷的時期，就會使冰川發生。因此，我建議地球極冷或極熱的時期是大量或輕微滅絕事件主要的原因。

為什麼會出現米蘭科維奇週期？它可以通過重力和旋力進行說明。橢圓形狀（偏心率），行星的軌道的進動，和軌道傾角可以由行星運動的公式來解釋：$GMm/r^2+SJmw/r^2=mrw^2$

由於質量不發生變化，行星的運動可以通過太陽的自旋角動量，地球軌道角速度，以及日地距離的影響。我們也可以用廣義相對論來解釋米蘭科維奇週期。由於重力是時空曲率，所以時空曲率改變可以解釋偏心率，軌道進動，以及米蘭科維奇循環的軌道傾角。水星進動可以是一個很好的例子來解釋這一現象。

太陽地球之軌道距離和角度可影響其接受太陽光束，所以行星氣候將被改變。此外，地球內部的熱輻射變化可以影響它的氣候。冰河時代的 10 萬年週期和地球的軌道傾角變化的 100000 年週期相符合。怎麼解釋地軸傾斜（從 22.1 到 24.5 度）和地球進動的變化？它也可以通過重力和旋力說明。進動角速度可以是外力矩所影響。地球作為行星，外力矩可以通過太陽的引力來提供。因此，我們可以看到進動角速度取決於太陽的引力。因此，我們可以解釋地球的軸進動。太陽的引力引起的扭矩也可以影響地球的軸傾斜讓我們的地球奠定了歲差。然而，對於地球的軸變化有其它平衡力如旋力。太陽的旋力傾向於讓地球上的軸回

到原來直立位置。由於重力旋力兩個力均衡拮抗，地球會有一個週期性變化軸傾斜和軸進動。軸傾斜和歲差可以影響地球的天氣，那就是在地球上季節變化從夏天到冬天的原因。利用重力和旋力也可以解釋米蘭科維奇週期變化。上述這些綜合作用導致地球的週期性氣候變化。因此，將會有熱「火時代」及冷「冰河世紀」在地球上。

在地球歷史上有五次大規模滅絕事件：1.奧陶紀-志留紀滅絕事件 2.晚泥盆世滅絕事件 3.二疊紀-三疊紀滅絕事件 4.三疊紀-侏羅紀滅絕事件 5. 白堊紀-第三紀滅絕事件。第一個大規模的生物滅絕事件是奧陶紀-志留紀滅絕發生在 440-450 Ma。在這次滅絕事件，兩個主要事件階段殺死了當時生物所有族的 27%和所有屬的 57%。許多科學家認為此事件是地球歷史上第二大滅絕事件。第二次大規模滅絕事件是晚泥盆世滅絕發生在 360-375 Ma。本次浩劫歷時約 20 Ma，它殺死了 19%的族和所有屬的 50%。第三次大規模滅絕事件是二疊紀-三疊紀滅絕，發生在 251Ma。這次滅絕事件被稱為「大滅絕」，這是地球上最大的滅絕事件。它殺死了所有族的 57%和所有屬的 83%（約 96%的海洋物種和 70%陸地物種）。第四大規模的生物滅絕事件是三疊紀-侏羅紀滅絕，發生在 205Ma。此事件殺害了所有族的 23%和所有屬的 48%（海洋族的 20%，海洋屬的 55%）。大部分的大型兩棲動物被淘汰，留下的恐龍幾乎沒有陸地的競爭。最近的大規模滅絕事件是白堊紀-第三紀滅絕，發生在 70-65Ma。它殺死了大約 17%的族，所有屬的 50%，和所有種的 75%。它結束了

恐龍的統治，並開闢了道路給哺乳動物和鳥類，使後兩者成為佔主導地位的陸生脊椎動物。

地球上總共有 23 次滅絕事件。因此，滅絕屢有發生。儘管有個眾所周知的小行星/彗星撞擊理論，我們仍然不能解釋為什麼有那麼多滅絕事件。我們沒有任何證據表明，大量的小行星/彗星撞擊地球多次，導致這些物種滅絕。我們需要一個共同的原因來解釋所有的滅絕事件。因此，我將列出所有可能的解釋，然後我會推論為什麼米蘭科維奇週期是這些滅絕事件的真正原因。

滅絕事件的第一個解釋是火山噴發。這一理論表明，在遠古時代大規模火山噴發導致嚴重的環境破壞，造成或大或小的滅絕。火山噴發後有短期和長期的環境影響。短期影響是全球變冷。從火山噴發的硫磺煙霧將形成 SO_2 氣體在大氣中。含硫氣體會吸收陽光，導致地球表面溫度下降。然而，這只是短暫的過渡現象。因為 SO_2 將很容易被雨水沖洗掉產生酸雨，全球降溫只能維持數月至十年。此外，目前的研究觀察數據顯示含硫氣體的全球降溫效果只有 0.5-0.8°Ç 微幅下降。因此，由於含硫氣體這種短暫的溫和的效果是不會造成嚴重的滅絕事件。火山噴發的長期影響是全球變暖。理論認為，火山噴發釋放出大量的 CO_2，可導致溫室效應。CO_2 不容易被雨水沖洗掉，它可以在大氣中停留五十至兩百年。在五大滅絕事件，三疊紀-侏羅紀事件是與全球變暖相關的唯一事件。此事件發生在 205Ma。許多研究者提出在地球中大西洋脊最大的火山（CAMP）的噴發造成這大規模滅絕。然而，最近的一項研究表明，CO_2 濃度在三疊-侏

羅紀界線為 250 ppm，相當穩定。如果火山噴發導致三疊紀-侏羅紀滅絕，大氣 CO_2 濃度應達到 3000-4000 ppm 的。（ln $[CO_2]$' / $[CO_2]$ = K $\triangle$ T，K = 0.37）如果全球氣溫升高 6-7° C 需要 3000-4000 ppm 的大氣中二氧化碳。在一項研究中估計，由於 CAMP 的大小，CAMP 噴發可以釋放 10^{17}（摩爾）的 CO_2。然而，10^{17}（摩爾）的 CO_2 只可以增加大氣的 CO_2 200～300ppm。因此，CAMP 噴發不大可能是三疊紀-侏羅紀滅絕的原因。相比其他主要的滅絕，三疊紀-侏羅紀滅絕時間相對較短（～10000 年）。然而，一萬年仍比大氣中二氧化碳半衰期來的長（50-200 年）。我們只有觀察到火山釋放的含硫氣體的全球變冷效應。我們從來沒有觀察到引起火山釋放的二氧化碳對全球變暖的影響。在最近的研究中，負碳偏移（negative carbon excursion）可能是由於大規模的生物滅絕造成增加埋藏和生產力下降。這不是 CAMP 噴發一個有力的證據。我們可以說 CAMP 可能在三疊紀-侏羅紀時期爆發。然而，CAMP 噴發在 199-201 Ma 而三疊紀-侏羅紀滅絕在 205Ma，故 CAMP 噴發在滅絕事件之後。火山爆發不是此滅絕的原因。另個大滅絕事件（二疊紀末期和 End-Guadalupian）也被建議是火山噴發造成的。然而，在這兩個事件中觀測到的是全球降溫而非升溫。此外，疑似的火山殺手（西伯利亞阱和峨眉山火山）在滅絕事件的主要階段之後才爆發。例如：西伯利亞阱噴發發生在 250 Ma，而二疊紀-三疊紀滅絕發生在 251Ma。因此，火山噴發不太可能是大規模滅絕事件的原因。

其次，我將討論關於著名 KT 撞擊理論。幾個古生物學家（Dr. Alvarez 阿爾瓦雷斯）提出小行星「Chicxulub」（希克蘇魯伯）

在約 65 Ma 撞擊我們的地球而殺死所有的恐龍。他們認為希克蘇魯伯墜落於墨西哥灣，他們發現在岩石中 KT 界線有銥沉積的證據。他們認為，大的小行星/彗星擊中地球可能會產生粉塵和煙霧覆蓋了天空，抑制植物的光合作用。從富硫的小行星/彗星硫磺煙霧也可能會導致全球變冷。經過計算，全部由小行星或彗星產生的粉塵將在幾個月內從大氣下降。基於教授 Brian Toon 的估計， > 4 毫克的灰塵將在 2 個星期內下降，> 2mg 的灰塵將在 2 個月內降下來。此外，浮游植物可形成孢子在短期寒冷的天氣成為休眠狀態。大陸蕨類植物也可以在寒冷的天氣產生孢子，和其他針葉樹可耐寒冷的天氣。像楓樹一些樹木可以落下它們的葉子，成為休眠狀態。因此，它是植物不可能是如此脆弱，在都幾個月後死亡。此外，硫氣只能導致短暫性的冷卻效果。SO_2 和 NOx 分子在幾個月內會被雨水沖刷下來。因此，不可能小行星/彗星撞擊導致大規模和長期的全球變冷。此外，最近的證據表明，從希克蘇魯伯撞擊到大 KT 滅絕事件有大約 300 萬年的時間間隔。由於缺乏時間關聯，KT 撞擊理論是不可能成為 KT 滅絕的原因。在 2007 年，一個新的假說認為，KT 界線的撞擊是另一個叫 Baptistina 而非希克蘇魯伯。然而，最近發現 Baptistina 與 KT 界線的化學指紋不同。恐龍約在 50000 年內死亡，沒有強證據表明，恐龍在很短的時間內死亡。另外，小行星/彗星理論無法解釋為什麼 KT 滅絕後暖血哺乳動物和鳥類存活。因此，小行星/彗星撞擊理論是不太可能是大規模滅絕事件的原因。

第三個解釋是海平面變化。海平面變化已經被認為與所有五大滅絕事件相關，並且這種現象得到大多數科學家的同意。海

平面下降被發現在四個大滅絕事件。最低海平面發現於最大的
生物滅絕事件：二疊紀末滅絕。因此，海平面變化高度相關於大
規模的滅絕事件。研究人員認為，海平面下降可以讓居在淺海的
動物和植物死亡。然而，這種理論無法解釋為什麼大陸植物和動
物在這些大滅絕中也死了。必須有其他的理由來解釋。在我看
來，海平面變化僅是造成全球氣候變化的一個後續事件。不過，
哈勒姆博士提出了一個快速的海平面下降後海平面上升的三疊
-侏羅紀界線。許多研究者發現，實際上也存在海平面上升的三
疊紀-侏羅紀事件。全球降溫可以讓海平面下降和全球變暖可以
讓海平面上升。因此，全球氣候變化才是巨大的物種滅絕的主要
原因。

　　其他的解釋是不太可能是大滅絕事件的主要原因。超新星
伽馬射線爆發被認為是末奧陶紀滅絕的原因。科學家估計，超新
星的伽瑪射線爆發發生在過去的 5.4 億年。他們認為，伽瑪射線
爆發（小於 6000 光年遠）可以充分照射地球表面並破壞臭氧層
殺滅生物。然而，沒有證據顯示這樣的突發在正確的時間和正確
的地點。此外，地球的磁場可以幫助避免來自外部的宇宙的電磁
輻射和粒子，就像屏蔽太陽風一樣。而且，什麼是海平面變化和
伽瑪射線爆發之間的關係？伽瑪射線爆嚴重到足以造成大規模
滅絕事件？我嚴重懷疑這一點。 另一種理論是板塊運動或大陸
漂移。理論家認為大陸漂移創建了一個超級大陸，降低大陸棚區
域（海洋物種最豐富的部分）。然而，大陸漂移或板塊運動是一
個非常緩慢的過程。我們可以回顧大陸漂移的過程。在羅迪尼亞
Rodinia 大陸持續了十億年前到 750 萬年前，它並沒有和滅絕有

關。Pannotia 大陸形成在 600 萬年前 540 萬年前，它並沒有滅絕有關。盤古 Pangea 大陸存在從 500Ma 到 175Ma。泛大陸分裂的第一階段發生在 175 Ma 使得勞亞古陸和岡瓦納古陸形成。泛大陸分裂的第二個階段發生在 140-150Ma，岡瓦納分裂成多個大洲，包括非洲，南美，印度，南極洲和澳大利亞。泛大陸分裂的第三個階段發生在 60-55Ma 而勞亞古陸分裂為北美和歐亞大陸（目前歐洲和亞洲）。我們可以看到，沒有一個時間序列吻合的大規模滅絕事件。它如何解釋同時的陸地和海洋生物滅絕？此外，有 clathrate gun 假說。甲烷包合物形成於大陸棚。如果溫度迅速上升，或對他們的壓力迅速下降(如海平面下降的情況)，這些包合物有可能向上突破，並迅速釋放甲烷。甲烷是比二氧化碳強大得多的溫室氣體。這個假說是用來解釋二疊紀末生物滅絕。這是因為在末二疊期間有在碳 13 對碳-12（-0.009）的比例下降。然而，許多其它事件可以減少碳 13 的比例。全球變冷可以讓植物釋放出更多的二氧化碳，它大部分是由碳-12 構成。植物可以影響到地球上七分之一的 CO_2。此外，負碳偏移可以是由於增加了生物體埋葬，並在大規模滅絕期間降低生物生產力。而且，二疊紀末期是全球變冷不是全球變暖。因此，該假說的可能性不大。

其他有趣的假設可能是氣候變化的次要事件。第一種是缺氧事件的假設。缺氧事件是在海洋的中間和上層變得缺乏氧氣的情況。它被認為可能與奧陶紀-志留紀，後泥盆紀，二疊紀-三疊紀和三疊紀-侏羅紀滅絕，還有一些較小的物種滅絕有關。然而，這種缺氧事件的假說只能解釋海洋生物的滅絕並非地球生物滅絕。而且，如果光合浮游植物都死了，他們會減少 O_2 生成

和釋放。因此，海中 O_2 可能會降低。因此，缺氧事件可以是後全球變冷或全球變暖殺死光合作用植物的後續事件。另一個有趣的假說是海洋翻轉（Oceanic overturn）。海洋翻轉是熱-鹽水循環的中斷讓地表水的水層直降，使缺氧的深水到達上層。因此，它可以殺死大部分海洋表面和中間深度需氧呼吸生物。因此，它可能有助於解釋海洋生物滅絕。然而，海洋翻轉通常發生在冰川的開始或末端。因此，它是全球變冷的一個次要事件。以上兩個假設可以是後全球氣候變化的次要事件。

最後，我將討論有關我的假設。提出了米蘭科維奇假說來解釋地球的冰河時期及大滅絕。由於米蘭科維奇週期，我們的地球將有來自極其溫暖的氣候時期，以及非常冷的氣候時期。氣候溫和是生物有機體最適合生長的時期，過於溫暖或極冷的時期會引起滅絕事件。生物酶系統的工作效率最好在溫度 37℃，更高或更低的溫度可以破壞酶的活性。溫度的變化，會使更多的酶活性損失。現在，平均環境溫度約為 25℃. 過高或過低的溫度會損害生物有機體的生存，尤其是在寒冷的時期。證據顯示，五大大規模滅絕事件都與全球氣候變化有關。全球的降溫是關係到奧陶紀-志留紀滅絕（440-450 Ma），晚泥盆世滅絕（360-375 Ma），二疊紀-三疊紀滅絕（251Ma），和白堊紀-第三紀滅絕（70-65Ma）。全球變暖是關係到三疊紀-侏羅紀滅絕（205Ma），它也與中期賽諾曼-土崙滅絕（91.5 Ma）有關聯。海平面變化出現於五大滅絕。海平面上升發現在三疊紀-侏羅紀滅絕。而且，海平面下降是與奧陶紀-志留紀滅絕，晚泥盆世滅絕，二疊紀-三疊紀滅絕，白堊紀-第三紀滅絕有關。我們需要解釋什麼機制引起的海平面

變化。全球氣候變化是最好的理由。持續的全球變冷能形成更多的冰脊或冰山，然後海洋的內容會少一些。持續的全球變暖可能會導致冰脊或冰山脈融化，以及海洋的內容將有所增加。因此，海平面變化是全球氣候變化的次要的事件。二疊紀末是最嚴重的滅絕事件，並在末二疊紀時期有最低的海平面。我們可以推導，全球氣候變化變冷在二疊紀末期最嚴重。由於在 Nature 的研究論文，地球溫度在 2050 年之前將上升 3 ℃，15％-37％的生物將滅絕。由於哥本哈根文件，如果溫度升高 5℃， 40％的生物會死亡，如果溫度升高 6℃，95％的生物會死亡。因此，存在有氣候變化和生物存活之間的密切聯繫。可知，氣候變冷與滅絕更相關，氣候變熱的海平面上升發現在三疊紀-侏羅紀滅絕，雖然氣候變熱會增加生物多樣性，但過熱仍會使大部分生物承受不住，在三疊紀-侏羅紀滅絕最後是耐熱的爬蟲類如恐龍勝出。

我們可以看看滅絕事件和地球冰河時期的關係。安第斯撒哈拉 Andean-Saharan 冰川期是從 450-420 Ma，與奧陶紀-志留紀滅絕（440-450 Ma）有時序關聯。卡魯 Karoo 冰河時期是從 360-260Ma，與晚泥盆世滅絕（360-375 Ma）有時序關聯。我們可以看到滅絕事件發生在冰河時期的開始階段。在 260-250Ma 急劇的溫度下降，它可能與二疊紀末生物滅絕（251Ma）相關聯。也有在 70Ma 的溫度急劇下降可能與白堊紀-第三紀滅絕（70-65 Ma）的關聯。這一時期有時被稱為古近紀冰期（Paleogene glaciation）。那三疊紀-侏羅紀在 205-201Ma 與氣候變化有何關聯？米蘭科維奇週期在此期間有全球變暖。因此，米蘭科維奇週期應該是所有這些滅絕事件的原因。

我們可以研究氣候變化規律與這些重大滅絕事件的關聯。有奧陶紀末和晚泥盆世冰期關聯充分的證據。全球變冷另被報導在二疊紀末和白堊紀末時期。在三疊-侏羅系界線，報導是增加火山活動和全球變暖。在一份研究中，植物化石也被發現有葉片特徵（化石葉寬和氣孔密度/面積）的改變，使作者推論是當時增加大氣中二氧化碳所致。然而，大氣本身增加的熱量也可導致葉寬度和氣孔密度/尺寸的變化。增加芳烴含量也被限於三疊-侏羅系界線。這可能反映由於全球變暖增加森林火災後產生的芳烴物質。如果火山噴發是導致滅絕事件內的原因，那麼火山釋放的 CO_2 需要發揮主導作用。然而，強烈的證據表明，古時大氣中的二氧化碳的濃度和全球氣候變化不同步。此外，三疊-侏羅系界線具有穩定的 CO_2 濃度，所以火山噴發與 CO_2 釋放不可能是滅絕的原因。

我們還可以檢查滅絕生物的模式來檢查我們的假設。在二疊紀末期生物滅絕事件中，最脆弱的生物都具有低代謝率或弱呼吸系統。如果動物有較高的代謝率或強呼吸系統，它們可以受到保護，免受寒冷的氣候所傷，此由於有更多的熱量產生。因此，它是合理的，為什麼高代謝率的動物於二疊紀末期滅絕之後倖存下來。在二疊紀末期時期全球變冷。此外，堅硬鈣質的海洋生物很容易受到滅絕。這可能是由於在此期間高海洋的 CO_2。值得注意的是，植物偏好碳-12 進行光合作用和隨後的呼吸。（$CO_2 + H_2O + $太陽能源$-> O_2 + $糖，$O_2 + $糖$-> CO_2 + H_2O + $生物能源）。當大洋和大陸植物死了，他們會腐爛，並散發出更多的 CO_2 與碳-12。因為釋放的 CO_2 使得 C-13/C-12 的比例下降。降低

C-13/C-12 比例可也由於降低了植物的生產效率，由於在大規模滅絕時植物降低 C-12 攝入。這就是為什麼負碳偏移是常見於滅絕。在此期間如果海洋有增加的 CO_2 濃度，會有更高的機會來使得 H_2CO_3 形成。當 H_2CO_3 在海洋中積累，H^+ 會溶解含 $CaCO_3$ 貝殼的海洋生物。因此，這些海洋生物是非常容易受到滅絕。結束二疊紀滅絕的期為 4-6 百萬年，可以通過持續的全球變冷來解釋。此時間長也表明，一個突如其來的事件，如彗星/小行星撞擊或火山噴發不太可能。一項研究稱，二疊紀-三疊紀交界處非突發事件，讓彗星撞擊或火山爆發理論可能性不大。晚泥盆世滅絕的時間估計為 50 萬至 15 百萬年前。時間長意味著持續的全球性活動，如全球冷卻。受這次滅絕事件中最重要的群體是礁岩建造者，如珊瑚。這些產生碳酸鈣的生物沒有恢復，直到中生代。由於巨大的動物/植物在海洋死亡，這種現象也可以解釋增加的海洋 CO_2。（$CaCO_3 + CO_2 + H_2O \to Ca^{2+}$）在奧陶紀-志留紀滅絕事件持續一千萬年腕足類，雙殼類動物，棘皮動物，苔蘚蟲，珊瑚等是最受影響的有機體。這些生物體都具有石灰質的外骨骼，奧陶紀滅絕的原因也可解釋了。在 KT 滅絕，冷血恐龍死了，溫血鳥類和哺乳動物活了下來。最近的調查結果顯示，大多數恐龍沒有溫血動物特徵的呼吸鼻甲。這表明，KT 時期是一個全球性的冷卻期。在另一方面，大多數 therapsids（哺乳動物的祖先）在三疊-侏羅系界線死亡。許多 therapids 被發現有呼吸鼻甲而被認為是溫血動物。雖然溫血動物有較高的代謝率，產生更多的熱量，他們也有較高的靜止代謝率而花費了大量的精力。因此，在溫暖的時期，溫血動物沒有較冷血的動物如恐龍有生存優勢。因此，合理推測三疊-侏羅系界線是一個全球變暖時期。

　　綜上所述，我們可以看到，全球氣候變化是大規模滅絕的真正原因。滅絕事件多數是由於米蘭科維奇週期全球變冷或全球變暖。地球的進動和軸傾斜會受到太陽重力和旋力的影響。因此，米蘭科維奇週期會受影響。在地球歷史上至少有 23 個滅絕事件。如果我們要使用一個單一的共同的理由來解釋所有的滅絕，米蘭科維奇週期是最好的選擇。沒有強烈的證據顯示，多次大型彗星撞擊或多次主要的火山噴發發生在這 23 個滅絕事件。而氣候變化與全部滅絕事件相關聯。彗星撞擊或火山噴發對氣候變化的聯繫非常薄弱。此外，缺乏彗星撞擊或火山噴發和滅絕事件之間的時間序列。我們也可以用這個理論來解釋寒武紀大爆發。在寒武紀時期（530Ma），所有主要門類出現的生物多樣性在幾百萬年發生。達爾文認為這是一個謎。成冰紀冰河時期是從 800-630 萬年前。冰河期後，地球溫度會變得逐漸回暖。在寒武紀，地球的全球氣候成為生物最合適的環境。因此，寒武紀大爆發發生。寒武紀地表均溫 21°C 比現在高 7°C，在溫暖環境下，光與熱較多而根據韋恩定律溫度與頻率成正比，光頻率造成新普郎克空間的振動產生時間，故時間由光熱決定而光頻越大時間越短，時間短則新陳代謝率較快，DNA 複製分裂變快也因此突變率變高，因此生物多樣性變大造成大爆發，同理可證為何赤道比兩極生物多樣性來得大。不過地球公轉和自轉變化也不排除有極端氣候即同時有極熱和極冷發生。

　　我們也可以使用一個簡單的邏輯原則，以檢查是否受歡迎彗星假說和火山假說是真實滅絕的原因。若 p 則 q 等同於非 q 則非 p。因此，如果彗星造成滅絕事件，那麼非滅絕事件必須沒

有彗星撞擊。在上個世紀初，有俄羅斯著名的彗星撞擊被稱為通古斯大爆炸事件。5-10 公里大小的彗星擊中西伯利亞。通古斯撞擊後沒有滅絕事件的報告。在阿爾瓦雷斯的學說，希克蘇魯伯撞擊墨西哥灣，造成 KT 滅絕。根據地質調查結果，希克蘇魯伯的大小為 10-14 公里。因此，彗星擊中通古斯也應該引起重大滅絕事件。阿爾瓦雷斯教授認為被擊中彗星產生的灰塵將佈滿天空和阻止植物的光合作用。為什麼通古斯彗星撞地，沒有造成強大的事件塵蔽天空和停止光合作用。另外，曾有大小 22 公里直徑小行星擊中澳洲 Gosses Bluff 於 142Ma。它的尺寸比希克蘇魯伯大，但在 142 Ma 無滅絕事件。基於使用-q 然後-P 原則，彗星撞擊假說是弱的。我們還可以檢查火山假說。在歷史上最大的火成岩時代，在 121Ma，112Ma 和 55.5 Ma 無滅絕事件。然而上述時間有主要的火山噴發，包括在 121Ma 有 59-77 百萬公里翁通-爪哇-馬尼西基-西克拉其高原（Ontong- Java- Manihiki-Jikarangi Plateau）噴發，在 112Ma 有 17000000 公里凱爾蓋朗高原-破碎嶺火山（Kerguelen Plateau-Broken Ridge） 噴發，和在 55.5Ma 有 6600000 公里 NAIP 噴發。火山與滅絕事件的假設最有可能的是 CAMP，包括 2000000 公里。相比於上述三個火山噴發，CAMP 的體積非常小。1-4 百萬公里的西伯利亞阱和 1 百萬公里的峨眉山也小。CAMP，西伯利亞阱和峨眉山都被提出可能造成重大滅絕事件。而且，這些都比不上面更嚴重的火山噴發。因此，火山噴發的假設也是錯誤的。二氧化碳近期造成全球氣候變暖，動物和植物的滅絕率也在最近幾年增加。因此，全球氣候變化是滅絕事件的最合理的解釋。當前的火山理論或彗星理論

必須使用全球氣候變化作為後續的生物滅絕的原因。因此，氣候變化才是滅絕事件的真正原因！

最後，我們可以列出一個例子來解釋滅絕理論。地球的末次冰期是從 110000-10000 年前。並且，最低溫度發生在 26500-20000 年前。這一時期被稱為末次盛冰期。尼安德特人是首次出現 13 萬年以前。而且，他們 30000-24000 年前完全滅絕。與末次盛冰期時期相吻合。這表明，尼安德特人無法在寒冷的冰期的生存而死了。在另一方面，猛獁象最大限度地存活約 40000-10000 年前。然而，他們在 3750-1700 年前完全滅絕。他們可以在寒冷的冰河時代成功地生存下來，但末次冰期後的暖期，他們就無法生存。因此，無論是「冰河世紀」或「烈火時代」都是造成滅絕事件的主因。

參考文獻

1. Wignall P.B. Large igneous provinces and mass extinctions Earth-Science Reviews 53, 1-33（2001）

2. Marzoli A et al. Extensive 200 million year old continental flood basalts of the Central Atlantic Magmatic Province Science 284,616-618（1999）

3. Marzoli A et al. Synchrony of the Central Atlantic magmatic province and the Triassic-Jurassic boundary climatic and biotic crisis Geology 32, 973-976（2004）

4. Tanner LH et al. Stability of atmospheric CO2 levels across the Triassic/Jurassic boundary Nature 411, 675-677（2001）

5. Berner RA Examination of hypotheses for the Permo-Triassic boundary extinction by carbon cycle modeling PNAS 99, 4172-4177（2002）

6. Whiteside JH et al. Compound specific carbon isotopes from Earth's largest flood basalt eruptions directly linked to the end-Triassic mass extinction PNAS early edition,1-5（2010）

7. Schoene B. et al. Correlating the end-Triassic mass extinction and flood basalt volcanism at the 100 ka level Geology 38,387-390（2010）

8. Keller G et al. Chicxulub impact predates the KT boundary mass extinction PNAS 99,4167-4171（2002）

9. Reddy V et al Composition of 298 Baptistina: implication for the KT impact link meteontics and planetary Science 44, 1-11（2009）

10. Kaib NA et al. Reassessing the source of long period comets Science 325,1234-1236（2009）

11. Gastaldo RA et al. The terrestrial Permian-Triassic boundary event bed is a nonevent Geology 37,199-202（2009）

12. Koeberl C et al. Geochemistry of the end-Permian extinction event in Austria and Italy: no evidence for an extraterrestrial component Geology 32,1053-1056（2004）

13. Forney GG Permo-Triassic sea level change Journal of Geology 83,773-779（1975）

14. Hallam A Estimates of the amount and rate of sea level change across the Rhaetian-Hettangian and Pliensbachian-Toarcian（latest Triassic to early Jurassic） Journal of the Geological Society 154,773-779（1997）

15. Hallam A. et al. Mass extinctions and sea-level changes Earth Science Reviews 48,217-250（1999）

16. Hallam A. et al. The case for sea-level change as a dominant causal factor in mass extinction of marine invertebrates Philosophical Transactions of the Royal Society of London, Series B, Biological Sciences 325,437-455（1989）

17. Peters SE et al. Environmental determinants of extinction selectivity in the fossil record Nature 454, 626-630（2008）

18. Hallam A. A revised sea-level curve for the early Jurassic Journal of the Geological Society 138,735-743（1981）

19. Hesselbo SP et al. Sea level change and facies development across potential Triassic-Jurassic boundary horizon, SW Britain Journal of the Geological Society 161, 365-379（2004）

20. Roe SL et al. Sedimentation, sea-level rise and tectonics at the Triassic-Jurassic boundary（Statfjoid formation） tampen spur, northern north sea Journal of Petroleum Geology 8, 163-186（1985）

21. Hallam T Discussion on sea-level change and facies development across potential Triassic-Jurassic boundary horizons, SW Britain Journal of the Geological Science 61,1053-1056（2004）

22. Hays et al. Variations in the earth's orbit: pacemaker of the ice ages Science 194,1121-1132（1976）

23. Jaramillo C et al. Cenozoic plant diversity in the Neotropics Science 311, 1893-1896（2006）

24. Zachos J et al. Trends, rhythms, and aberrations in global climate 65 Ma to present Science 325, 1234-1236（2009）

25. Mayhew PJ et al. A long term association between global temperature and biodiversity, origination and extinction in the fossil record Proc R Soc B 275, 47-53（2008）

26. Krassilov V et al. Paleofloristic evidence of climate change near and beyond the Permian-Triassic boundary Palaeogeography, Palaeoclimatology, Palaeoecology 284, 326-336（2009）

27. Van Dam JA et al. Long period astronomical forcing of mammal turnover Nature 443, 687-691（2006）

28. Thomas CD et al. Extinction risk from climate change Nature 407, 145-148（2004）

29. Kemp DB A nonmarine record of eccentricity forcing through the Upper Triassic of South West England and its correlation with Newark Basin astronomically calibrated geomagnetic polarity time scale from North America Geology 35, 991-994（2007）

30. Olsen PE et al. Long period Milankovitch cycles from the Late Triassic and Early Jurassic of Eastern North America and their implications for the calibration of the Early Mesozoic time-scale and the long term behavior of the planets Philosophical

Transactions: Mathematical, Physical and Engineering Sciences 357, 1761-1786（1999）

31. Caputo MV et al. Late Devonian & Early Carboniferous glacial records of South America The Geological Society of America Spe 441-11, 1-13（2008）

32. Bonis NR et al. Milankovitch-scale palynological turnover across the Triassic-Jurassic transition at St. Audrie' s Bay, SW UK Journal of the Geological Society 167, 877-888（2010）

33. Barrera E. Global environmental changes preceding the Cretaceous-Tertiary boundary : earl-late Maastrichtian transition Geology 22, 877-880（1994）

34. Allison I et al. The Copenhagen Diagnosis（2009）

35. Veizer J. et al. 87Sr/86Sr δ 13C & δ 18O evolution of Phanerozoic seawater Chemical Geology 161, 59-88（1999）

36. Wilf P et al. Correlated terrestrial and marine evidences for global climate changes before mass extinction at the Cretaceous-Paleogene boundary PNAS 100, 599-604（2003）

37. Erwin DH The End-Permian mass extinction Ann Rev Ecol Syst 21, 69-91（1990）

38. Schootbrugge B et al. Floral changes across the Triassic/Jurassic boundary linked to flood basalt volcanism Nature Geoscience 2,589-594（2009）

39. McElwain JC et al. Fossil plants and global warming at the Triassic-Jurassic boundary Science 285,1386-1390（1999）

40. Belcher CM et al. Increased fire activity at the Triassic/Jurassic boundary in Greenland due to climate-driven floral change Nature Geoscience 3, 426-429（2010）

41. Rothman DH Atmospheric carbon dioxide levels for the last 500 million years PNAS 101, 3753-3758（2004）

42. Veizer J et al. Evidence for decoupling of atmospheric CO2 and global climate during the Phaerozoic eon Nature 408, 698-701（2000）

43. Planavsky NJ et al. The evolution of the marine phosphate reservoir Nature 467, 1088（2010）

新拉馬克「廢退說」（Neo-Lamarckism disuse）

達爾文的天擇學說之前，著名的科學家拉馬克提出了拉馬克進化原理。他的理論被稱為「用進廢退說」。他建議後天遺傳性狀的可能。他說，如果你經常使用的器官，這個器官將變得更加先進發達；如果你不使用的器官，這個器官就會倒退。但是，如果一個工人訓練他的肌肉使其肥大，這種肌肉肥大會遺傳給他的後代。並且，在達爾文提出了天擇學說後，拉馬克學說被放棄了。

但是，在「用進廢退」的理論可能不是完全錯誤，特別是「廢退」的一部分。因此，有不斷增加的生物學家建議一種新拉馬克主義（包括最近泛科學的討論）。該理論是由表觀遺傳 DNA 甲基化最近的證據支持。性狀遺傳也可以通過 DNA 甲基化機制獲取。DNA 甲基化是一種機制來抑制基因的表現。因此，如果一個基因是沒有用的，或者如果它的表現是對宿主的生存是有害的，DNA 甲基化機械可發生關閉基因。DNA 甲基化通常發生在基因 CpG 島。在 DNA 複製，DNA 的甲基化模式可以保持遺傳形式到新合成的 DNA。因此，這種表觀遺傳特徵可能是持久的。

在胚胎形成，有一個全球性的去甲基化過程，讓大多數基因激活轉錄的發展進程。然而，有一個重新甲基化機制（de novo methylation）讓後期胚胎重新建立它們的原始體細胞的甲基化模式。這可能是由於 CpG 島在胚胎基因組的被識別。還有一種 RNA 指導的 DNA 甲基化的機制。RNA 干擾（RNAi）存在於卵母細胞的細胞質中可導致 DNA 甲基化，此 DNA 序列是與 RNA 互補的序列。因此，重新甲基化可能發生，恢復父母的甲基化模式。因此，後天獲得性狀可以代代傳遞。這也可以是一個重要的進化機制。

如果一個器官是「廢棄」的，非常可能用 DNA 甲基化由於經濟原理關閉相關的不必要的基因。它也能避免這種基因可能產生的有害影響。於是，「廢棄」通過 DNA 甲基化可以通過一代一代傳遞。因此，進化就可以開始。進化將選擇「廢棄」無用的基因或器官。值得注意的是，表觀遺傳機制是必要參與細胞分化的進化起源。在這裡，我將列出這個新拉馬克主義原則的幾個例子。首先，人類的闌尾。闌尾是在其他哺乳動物，如兔子是非常有用的。然而，闌尾在人類不是有用的。因此，DNA 甲基化或表觀遺傳機制可能發生關閉在體細胞中不必要的闌尾相關基因。然後，在生殖細胞可以繼承體細胞的表觀遺傳模式。因此，一代逐代，闌尾將退化。第二，有一種後天繼承現象。纖毛蟲如四膜蟲可以繼承纖毛排在細胞表面上的圖案。這種繼承是由於表觀遺傳調控。這有助於說，表觀遺傳機制也是很重要的繼承。第三：深海魚類的眼睛。在深海魚的眼睛能一代逐代的退化，因為他們的眼睛是「廢退」器官。如果 DNA 甲基化開始關閉在這

些魚的不必要的眼睛器官相關的基因，體細胞的表觀遺傳學圖案也可以傳遞到該魚的生殖系細胞。因此，眼睛開始在進化過程中退化。新拉馬克主義亦在自然演化過程中有重要作用。

參考文獻

1. Christopher B et al. Epigenetic decisions in mammalian germ cells Science 316,398(2007)
2. Kafri T. et al. Developmental pattern of gene-specific DNA methylation in the mouse embryo and germ line Genes Dev 6,705(1992)

物種起源（Origin of species）

　　為什麼需要轉位子（transposon）在生物有機體被遺傳下來？實際上，它在新物種的產生的關鍵作用。轉位子，其可以來源於基因組中嵌入的病毒，可以由於環境壓力複製或活化。如溫度變化的米蘭科維奇週期，生物有機體的細胞裡面的轉位子將被激活，應對外部環境的壓力。一旦轉位子被激活，它們可以更容易地介導交換基因重組。此外，轉位子可連接兩條染色體融合，使成為一個新的染色體。有轉位子的染色體的斷裂可能從原始一條染色體變成兩條染色體。因此，一種生物有機體的新染色體數目將被改變。因此，生物有機體的一個新品種將誕生。此外，基因突變和基因大小變化也可能源於轉位子激活。為什麼染色體融合或破損將有利於演變，它是由於破損融合橋（Break-Fusion-Bridge, BFB）循環導致染色體的不穩定。轉位子介導的染色體融合或破裂會將導致遺傳性不穩定造成大量基因擴增與突變。因此，可以新生成或減少染色體內的 DNA 序列。因此，轉位子是物種的起源一個非常重要的機制。在麥克林托克的著名實驗中，玉米受到環境壓力將激活這些轉位子。我們可以看到轉位子作為退化病毒整合到基因組中。如果宿主細胞的免疫很好，環境不錯，轉位子將繼續留在宿主基因組中沒有激活。有研究顯示干擾素可抑制轉位子活化。如果外界環境比較惡劣，產生壓力賀爾蒙如 steroid，轉位子將可能被重新激活。它就像一個病毒在宿主

基因組的潛伏期。當有外界的壓力，病毒如單純皰疹病毒會離開潛伏階段，並重新進入複製階段，試圖離開細胞。這就是為什麼壓力可以觸發轉位子的原因。因此，轉位子和宿主基因組具有協同進化關係。因此，基因突變和染色體變化將發生，以方便演化過程。要創建一個新的物種必須有比常見性驅動的基因重組更多突變的優勢。當後來外界環境變得更加穩定，倖存的生物有機體可以恢復轉位子失活它們。因此，一個新的平衡將會實現。這種新的生物有機體將成為環境的挑戰後成功的新品種。轉位子在生物有機體耗散系統的突變過程中起到至關重要的作用。這就是為什麼轉位子是如此重要，在大多數生命形式的基因組被傳遞下來。另外一種情況是氣候變暖則新陳代謝率增加與相應的基因突變率與生物多樣性增加。

參考文獻

1. Rio DC Molecular mechanisms regulating Drosophila P element transposition Annu Rev Gent 24,543 (1990)

2. Charlesworth D et al. Transposable elements in inbreeding and outbreeding populations Genetics 140,415 (1995)

3. Lippman Z et al. Role of transposable elements in heterochromatin and epigenetic control Nature 430,421 (2004)

4. Kafri T et al. Developmental pattern of gene-specific DNA methylation in the mouse embryo and germ line Genes Dev 6,705 (1992)

5. Kudo S et al. Structural organization of glycophorin A and B genes: Glycophorin B genes evolved by homologous recombination at Alu repeat sequence PNAS 86,4619 (1989)

6. Batzer M et al. Alu repeats and human genomic diversity Nature Review Genetics 3,370 (2002)

7. Yu Q, Carbone CJ, Katlinskaya YV, Zheng H, Zheng K, Luo M, Wang PJ, Greenberg RA, Fuchs SY. Type I interferon controls propagation of long interspersed element-1. J Biol Chem. 2015;290(16): 10191-9

8. Hunter RG, Gagnidze K, McEwen BS, Pfaff DW. Stress and the dynamic genome: Steroids, epigenetics, and the transposome. Proc Natl Acad Sci U S A. 2015 2;112(22): 6828-33

9. Capy P, Gasperi G, Biémont C, Bazin C. Stress and transposable elements: co-evolution or useful parasites? Heredity. 2000 (Pt 2): 101-6.

糖類脂質和蛋白質代碼（Sugar, lipid & protein codes）

生物學者克里克博士的中心法則是：
DNA-> RNA->蛋白質

在這裡，我想稍微修改它：
DNA-> RNA->蛋白質- >糖或脂質

這是因為糖蛋白或脂蛋白添加糖或脂質基於特定的氨基酸。因此，糖和脂質代碼是由蛋白質的氨基酸序列決定。80％-90％的蛋白質是糖蛋白和 80-90％的蛋白質被乙醯化。因此，糖蛋白或脂蛋白可以由原始 DNA 序列決定。

首先，我會談談糖的代碼。糖基化（glycosylation）可以分為三大類：N-糖基化，O-糖基化，及 C-糖基化。眾所周知的 N-糖基化，添加 GlcNAc 的鏈接核心五糖（Man3-GlcNAc-GlcNAc-）具有特定的氨基酸序列：Asn-X-Ser/Thr-X 或 Asn-X-Cys-X。這裡，X 可以是任何氨基酸，除了脯氨酸，天冬氨酸或谷氨酸。N-糖基化是由特定的酶增加多萜醇（Dolichol）-PP-低聚醣。所有的 N-糖基化具有共同的五糖的結構，並且介導酶只能識別上述序列的天冬酰胺。這是為 N-糖基化的糖代碼。天冬酰胺是最常見的

N-糖基化連接殘基（residue）。有一個例外，精氨酸在甜玉米的連接殘基。 那麼，如何 C-糖基化？C-糖基化也稱為 C-甘露糖化（C-mannosylation）。一甘露糖被添加到蛋白的色氨酸殘基。並且，所述酶只能識別一個特定的氨基酸序列：WXXW。 W 是色氨酸和 X 可以是任何氨基酸。 這是為 C-糖基化的糖代碼。

至於 O-糖基化，O-糖基化可以用以下幾種可能性進行。蛋白多醣具有特定的氨基酸序列-Ser-Gly-X-Gly-（X 為任意氨基酸殘基）。並且，木糖（xylose）開始被鏈接到蛋白聚醣的 Ser 殘基。這是 O-糖基化的蛋白多醣（proteoglycan） 糖代碼。另一種豐富的細胞糖蛋白是膠原蛋白。它有一個共同的氨基酸序列：（Gly-X-Y）n。X 是脯氨酸且 Y 為羥脯氨酸或羥賴氨酸。並且，半乳糖可以鏈接到膠原蛋白的 hydrolysine 殘基。這是膠原蛋白糖代碼。O-糖基化主要是 GalNAc 或 GlcNAc 的鏈接到細胞蛋白的絲氨酸/蘇氨酸/酪氨酸。添加 GalNAc 或 GlcNAc 取決於糖蛋白合成的位置。在高爾基體，GalNAc 加入到蛋白質。在細胞質或核，GlcNAc 被添加到蛋白質。因此，信號肽（signal peptide）決定蛋白質的位置並決定 GalNAc 或 GlcNAc 的加入。此外，還存在對 O-糖基化的優先氨基酸序列：Pro-X-Ser/Thr-Pro。X 是任意氨基酸，但非極性氨基酸是優選的，如脯氨酸，纈氨酸或丙氨酸。例如：PV[S／T]序列。這是 O-糖基化糖代碼。如果我們比較 O-糖基化和 N-糖基化，我們可以看到在 Asn-X-Ser/Thr-X 的 X 中的脯氨酸殘基會喜歡 O-糖基化甚於 N-糖基化。因此，這兩種類型的糖基化可以互相競爭。

　　非常有趣的是磷酸化也適用於蛋白質的絲氨酸/蘇氨酸/酪氨酸 OH 基。（Pro）-X-Ser/Thr-Pro 是蛋白激酶如 ERK，CDC 和 MAPKs 的非常普遍的共識序列。由於 O-糖基化和磷酸化這一特定順序是一樣的，我們可以看到細胞使用這種陰陽機制控制信號傳遞。蛋白質磷酸化後，蛋白質將啟動信號磷酸化其它蛋白質以擴增信號。然而，該蛋白質很容易被降解。另一方面，O-糖基化會使蛋白質變得穩定。但是，它缺乏信號傳遞的能力。如果一個蛋白被磷酸化，那麼它就不是 O-糖基化的，反之亦然。例如，當有外界生長因子信號，O-GlcNAc 在 c-myc 被移除，並通過 O-磷酸化以引發信號傳遞。

　　然後，我將談論脂質代碼。N-荳蔻酰化（N-myristoylation）是將肉荳蔻酸（myristate）加在蛋白質 N-端甘氨酸。S-棕櫚酰化（S-palmitoylation）是將棕櫚酸（palmitate）加在蛋白的 C-端半胱氨酸殘基。Isoprenylation（farnesylation ＆geranylgeranylation）是將脂質的添加到共有序列 CaaX（a 是任何脂肪族氨基酸）的 C-端半胱氨酸。最後，膽固醇將被添加到一個給定的蛋白質的 C-端甘氨酸。

　　然後，我將討論有關的蛋白甲基化（methylation）和乙酰化（acetylation）。這又是一個陰陽控制蛋白活性的機轉。最有名的例子是組蛋白。組蛋白的乙酰化導致其活性產生而組蛋白甲基化使之失去活性。乙酰化是添加 acetyl-CoA 的 acetyl 到一個給定的蛋白質的賴氨酸殘基或 N-末端。甲基化是將甲基添加到給定的蛋白質賴氨酸或精氨酸殘基。精氨酸甲基化共識序列是

RGG，RXR，或 GRG。而且，無論賴氨酸乙醯化或甲基化往往在可能的 KS／T 基。這種共識序列被認為是在 H3，RelA，CEBPA，IFNAR2，G9a，Snf2，和 FOXO1。因此，競爭的賴氨酸乙醯化和賴氨酸甲基化將決定蛋白質的命運。蛋白的甲基化導致永久性蛋白失活，而在真核細胞中沒有或只有很少去甲基轉移酶（demethyltransferase）。蛋白甲基化可能可以在分化過程看出，當某些蛋白質已經完成它的任務，將其作用關閉。另一方面，蛋白乙醯化通常給予蛋白質活性。除了組蛋白，這種陰陽控制機制可以發現於 NFkB，Rel，和 P53 等。

甲基化和乙醯化作用於一個給定的蛋白質的氨基末端的賴氨酸殘基。但是也有作用在賴氨酸殘基的另外兩個重要的細胞機制。這是 SUMO 化（sumoylation）和泛素化（ubiquitination）。當存在於蛋白質無甲基或乙醯基的賴氨酸殘基，它可以通過泛素蛋白被識別。多泛素化反應後，這種蛋白質會被傳遞到蛋白酶體（proteasome）消化和降解。老化蛋白往往會失去它們的乙醯基團，所以它是自然的蛋白質降解機轉。

SUMO 化是另一種機制。SUMO 蛋白也可以識別蛋白的賴氨酸殘基。許多 SUMO 蛋白標的物是轉錄因子。SUMO 化後，將蛋白質輸送到細胞核，並抑制轉錄。SUMO 識別一個特定的蛋白質序列：ΨKXE／D。Ψ是任何疏水性酸，K 為賴氨酸，X 為任何氨基酸，D／E 為酸性氨基酸。所有這四種機制的目標都是賴氨酸殘基的 ε 氨基。因此，這四個機制互相競爭抑制。 甲基化是永久的蛋白質失活。 乙醯化是激活蛋白。泛素化是降解蛋白。

並且，SUMO 化是抑制轉錄。四個轉譯後修飾機轉對蛋白質代謝或功能非常重要。

在正常生理細胞，轉譯後的蛋白質將被侶伴蛋白（Chaperon）折疊。這些正常的侶伴蛋白將激活乙酰化酶給蛋白質完整的功能。如果一個蛋白沒有在侶伴蛋白的幫助下摺疊，它通常是脫乙酰化和聚集，並會通過泛素降解。然而，在壓力條件下（stress condition），另一組分子侶伴蛋白將被激活。它們是熱休克蛋白。熱休克蛋白啟動脫乙酰酶（deacetylation enzyme）。因此，如果一個細胞被病毒感染，則往往會產生由於熱休克反應的非乙酰化的蛋白質。非乙酰化病毒的蛋白質會被泛素標記和送到蛋白酶體。因此，降解後產生的病毒多肽可以抗原呈遞給免疫細胞。此外，細胞降解病毒蛋白，以防止其進一步感染。HDAC，一種脫乙酰酶，是一種很強引發 T 細胞免疫的物質。超乙酰 HSP90 通常失去了它的功能。而 HSF1 則起始脫乙酰化。這些都表明，細胞使用這種機制來防禦。

最後我們以組蛋白為例說明以上表觀基因遺傳學的機制，組蛋白甲基化將使染色質去活化如女性 X 染色體的巴氏體，組蛋白乙酰化將使染色質活化而促進轉錄成 RNA，組蛋白多泛素化將造成其降解，組蛋白 SUMO 化將抑制染色質轉錄成 RNA，而組蛋白磷酸化則會開啟 DNA repair，若此 DNA repair 失敗將走向 apoptosis，組蛋白磷酸化也和 DNA replication & mitosis/meiosis 活化有關，如此表觀基因遺傳學對細胞功能有重要作用。

參考文獻

1. Igura M et al. Quantitative assessment of the preferences for the amino acid residues flanking archaeal N-linked glycosylation sites. Glycobiology 21,575（2011）

2. Lundby A et al. Quantitative maps of protein phosphorylation sites across 14 different rat organs and tissues. Nature Comm 3: 876（2011）

3. Zellbiologie Lf et al. O-mannosylation precedes and potentially controls the N-glycosylation of a yeast cell wall glycoprotein. EMBO reports 4,628（2003）

4. Gavel Y et al. Sequence differences between glycosylated and non-glycosylated Asn-X-Thr/Ser acceptor sites: implications for protein
engineering. Protein Engineering 3,433（1990）

5. Hansen JE et al. Prediction of O-glycosylation of mammalian proteins: specificity patterns of UDP-GalNAc: polypeptide N-acetylgalactosaminyltransferase. Biochem J 308,801（1995）

6. Ande SR et al. Interaction between O-GlcNAc modification and tyrosine phosphorylation of prohibitin: implication for a novel binary switch. PLOS ONE 4,e4586 （2009）

7. He A et al. PRC2 directly methylates GATA4 and represses its transcriptional activity. Genes & Development 26,37 （2012）

8. Yang XJ et al. Lysine acetylation: codified crosstalk with other posttranslational modifications. Molecular Cell 31,449（2008）

9. Caron C et al. Regulatory cross-talk between lysine acetylation and ubiquitination: role in the control of protein stability. BioEssays 27,408（2005）

10. Lee DY et al. Role of protein methylation in regulation of transcription. Endocrine Reviews 26,147（2005）

11. Wu SY et al. Crosstalk between sumoylation and acetylation regulates p53-dependent chromatin transcription and DNA binding. EMBO J 28,1246（2009）

12. Ito A et al. MDM2-HDAC1-mediated deacetylation of p53 is required for its degradation. EMBO J 21,6236（2002）

13. Yang XD et al. Functional interplay between acetylation and methylation of the RelA subunit of NF-kappaB. Mol Cel Biol 30,2170（2010）

14. Shi XB et al. Modulation of p53 function by SET8-mediated methylation at lysine Mol Cell 27,636（2007）

15. Kawaguchi Y et al. The deacetylase HDAC6 regulates aggresome formation and cell viability in response to misfolded protein stress. Cell 115,727（2003）

16. Fillingham J et al. Chaperone control of the activity and specificity of the histone H3 acetyltransferase Rtt109. Mol Cell Biol 28,4342（2008）

17. Kee HJ et al. Activation of histone deacetylase 2 by inducible heat shock protein 70 in cardiac hypertrophy. Circulation Research 103,1259（2008）

18. Westerheide SD et al. Stress-inducible regulation of heat shock factor 1 by the deacetylase SIRT1. Science 323,1063（2009）

19. Akimova T et al. Histone/protein deacetylases and T-cell immune responses. Blood 119,2443（2012）

20. Bali P et al. Inhibition of histone deacetylase 6 acetylates and disrupts the chaperone function of heat shock protein 90: a novel basis for antileukemia activity of histone deacetylase inhibitors. J Biological Chemistry 280,26729（2005）

21. Fritah S et al. Heat-shock factor 1 controls genome-wide acetylation in heat-shocked cells. Mol Biol of the Cell 20,4976（2009）

22. Joseph B et al. Cracking the death code: apoptosis-related histone modifications. Cell Death & Differentiation 17, 1238 (2010)

23. Hans F et al. Histone H3 phosphorylation and cell division. Oncogene 20,3021(2001)

24. Shiio Y et al. Histone sumoylation is associated with transcriptional repression PNAS 100,13225 (2003)

25. Heard E et al. Methylation of Histone H3 at Lys-9 is an early mark on the chromosome during X-inactivation Cell 107,727 (2001)

意識和潛意識（Conscious & subconscious）

意識是無論在精神學和神經學都是一個非常重要的問題。弗洛伊德提出了他的精神病學分析方法將意識層次分成本我（id），自我（ego），超我（superego）。雖然他的理論在心理學非常成功，在神經學沒有明確的證據堅決支持他的理論。在這裡，我將使用從神經學知識來解釋意識和潛意識的起源。

根據弗洛伊德的夢的分析，他發現，人類有一個基本的潛意識層面。潛意識層面是關係到我們的基本驅動和情感。它與焦慮和恐懼的記憶有關。並且，這個潛意識是與社會約束相反的。此外，他還發現，人類的意識有另一個層次。這種意識水平可以抑制潛意識層面來履行社會的倫理道德觀。因此，他創造了幾個意識層面：本我（id），超我（superego），其分別對應潛意識和道德意識。本我和超我結合，這集成的意識稱為自我（ego）。他的理念已經幫助了很多精神病患者，如焦慮，驚恐和創傷後壓力性疾病。但是，他的理論沒有明確的神經學基礎。

根據我的神經學的知識，我用神經解剖學解釋他的理論。這個 id 潛意識的層面，應該是我們舊皮質（archicortex）邊緣系統（limbic system）。邊緣系統在我們的大腦的內部。它包括杏仁

核，海馬及下丘腦。神經學家指出邊緣系統的三部分功能。杏仁核是負責我們的情感，包括恐慌，焦慮，恐懼，憤怒等。海馬，位於內側顳葉，負責自傳體記憶和自主意識。自傳體記憶是個人記憶它代表自我認同，自的連續性，及在空間和時間的自我意識。自主意識是自我意識的地方包含在現在，過去或未來，並分析我們自己的思想。海馬功能障礙會導致侵入思想和記憶破碎。它像電腦的 RAM 作用於我們的大腦。下丘腦是負責我們的基本驅動，如飢餓，口渴和性。弗洛伊德認為潛意識是社會不能接受的想法，願望或慾望（驅動），創傷性回憶，及痛苦情緒的存儲庫。因此，邊緣系統具有自我意識/記憶，情感和驅動，乃潛意識的 id。

然後，我們的大腦的哪一部分代表超我。我認為這是大腦皮層（neocortex）額葉（frontal lobe）。額葉位於大腦皮質的前側。其職能包括計劃，執行，判斷和決策。它也有一個非常重要的功能，社會化和道德。患者額葉損傷通常有失控的行為。這被稱為正面失控。額葉損傷患者也常涉及到犯罪行為。因此，額葉應為超我 superego。它是我們的良心（conscientia syneidesis）。

神經解剖學證據表明，從邊緣系統將輸入到額葉皮層的神經纖維。額葉的修改後，可以表達和執行情感和行為。因此，情感和基本的驅動可以通過額葉進行修改。由額葉（超我）修正邊緣系統（本我）後，可以產生自我整合之後的自我 ego。舉個例子，如果你在大街上，你想小便。驅動和情感要你在大街上立刻小便。然而，神經衝動傳送到額葉之後，它會抑制你的唐突行為。

最後，整合自我會讓你找一家餐廳的洗手間，讓你在那小便。佛洛伊德所謂的前意識會檢查是否讓潛意識進入意識之中，這就有像是 prefrontal cortex 的角色。而意識本身是否為 default mode network(包含：後帶狀皮層(posterior cingulate cortex, PCC)，楔前部（precuneus），中部前額皮層（medial prefrontal cortex，mPFC），角回（angular gyrus），背中側前額皮層（dorsal medial prefrontal cortex），顳頂交界點（temporoparietal junction），外側顳葉（lateral temporal cortex），海馬體（hippocampus），後下側頂葉（posterior inferior parietal lobe，pIPL）)，需更進一步研究。

在傳統儒家學說中，有一個辯論我們的人性是好還是壞。孟子說，人的本性是好的。那是因為我們有四個感受：憐憫心，羞恥感，是非感，尊重和遵守的感覺。荀子，從另一方面說，人的本性是壞的。我認為他們是正確也是錯誤的。我們應該用神經解剖學和精神科學證據來解釋人類的天性。我們有透過本我和超我整合成一個自我。

本我是我們的基本本能，而我們並不需要了解它。 然而，超我，必須從外部的經驗教訓學習。 我把這種稱為額葉學習。皮亞傑博士有一個著名的道德發展理論。兒童低於 4 歲是在萌芽階段。在此期間，只有基本的本能不存在社會化和道德。從 4 歲到 8 歲，則稱為他律階段，兒童開始學習從他們的父母和老師之外的規則和原則。他們接受所有權威，超我高度抑制本我在這一時期。他們在這一時期試圖弄清楚道德和社會。之後孩子 8 歲達到自主階段。在這個階段，他們可以成功地集成本我和超我

開始有一個成功的自我。值得一提的是，我們不能說 id 就是壞
的。id 是生物有機體的生存本能只是我們的自然驅動和情感。
因此，額葉皮層的突出取決於動物的進化狀況。靈長類動物，如
人類，已經開發出高級額葉和功能。因此，更多的社會化和道德
是需要於更高級的動物。一些低等靈長類，如猴，還開發了「倫
理」階層。所有的猴子需要服從猴王的順序。

睡眠的功能使我們的大腦皮層可以休息。因此，超我額葉是
在睡眠中休息。然而，NREM 和 REM 睡眠期間，我們的潛意識，
如海馬仍然具有活性。在從 REM 睡眠的夢，海馬的活動可以有
無拘束的和非理性的思想與情感，沒有正面邏輯或道德上的抑
制。因此，弗洛伊德認為夢可以反映我們的潛意識。最後，我將
討論有關的臨床現象，如解離。在正常情況，本我和超我緊密結
合成自我。然而，藥物，如 K 他命，可能會導致這種解離狀態，
以獨立本我和超我，或獨立邊緣系統和額葉。另一個活動，如催
眠是抑制額葉的活動，甚至接管額葉的活動也可能造成這種解
離狀態。這是我對意識和潛意識的意見。

最後由睡眠休息談到敝人對於生物時鐘的看法，由於時間
是由光的頻率來決定，光頻率的倒數是普朗克空間簡諧振動週
期也就是時間。因此對應著基本代謝率（BMR），基本代謝率是
耗氧量除以時間。白天所受光頻大故時間較小而晚上受光少光
頻小故時間大，時間位在分母因此造成代謝率的變化。代謝率和
生物壽命有關，這是為何卡路里限制會延長壽命而赤道比寒帶
居民壽命較短也跟代謝率有關。

參考文獻

1. Bartsch T el a. CA1 neurons in the human hippocampus are critical for autobiographical memory, mental time travel, and autonoetic consciousness PNAS 108,17562 (2011)

免疫架構理論（Immune framework）

　　宿主免疫途徑很複雜。宿主免疫反應只能識別來自身體不同部位的病原體，宿主免疫途徑可以對感染性顆粒、細胞內和細胞外微生物以及寄生蟲（體內寄生蟲和體外寄生蟲）產生反應。因此，宿主免疫反應可以對不同身體部位的不同病原體作出反應。宿主免疫反應可分為可根除的和可耐受的。可根除和可耐受的免疫途徑可分別由先天性和調節性宿主免疫細胞觸發。　有四組傳染性病原體和四類自體免疫反應。　因此，可根除和耐受的免疫途徑可分為四組。

　　本文提供了宿主保護性免疫途徑的框架。宿主免疫反應可分為可根除或可耐受的反應。可根除的免疫反應由濾泡輔助性 T 細胞觸發，包括 TH1、TH2a、TH2b、TH22 和 THαβ，而可耐受的免疫反應由調節性 T 細胞觸發，包括 TH1-like、TH9、TH17 和 TH3。TH1/TH1-like 免疫反應提供針對細胞內微生物的宿主保護性免疫。TH2a/TH2b/TH9 免疫反應提供宿主對寄生蟲的保護性免疫。TH2a 和 TH2b 分別提供針對內寄生蟲和外寄生蟲的免疫力。TH22/TH17 和 THαβ/TH3 免疫反應分別提供針對細胞外微生物和傳染性顆粒的宿主保護性免疫。

　　在這裡，我們還提供了所有已發現免疫途徑的完整更新框架。　宿主免疫途徑可分為免疫球蛋白 IgG 可根除和 IgA 可耐受

免疫反應。 濾泡輔助性 T(Tfh) 細胞通過促進抗體從 IgM 轉換為 IgG，促進可根除免疫反應的發展。 在可根除的免疫反應中，四個分支對四種病原體類型起反應。TH1 免疫是宿主抵抗細胞內微生物（胞內細菌、原生動物和真菌）的免疫途徑； 它包括 1 型巨噬細胞 (M1)、產生干擾素 IFNγ 的 CD4 T 細胞、1 型不變自然殺傷 T (iNKT1) 細胞、CD8 T 細胞 (Tc1、EM4) 和 IgG3 B 細胞，並且與 4 型遲發性自身免疫有關。TH2 免疫是宿主抵抗寄生蟲的免疫途徑，有兩個亞類:TH2a 和 TH2b。TH2a 和 TH2b 免疫分別是針對體內寄生蟲（蠕蟲）和體外寄生蟲（昆蟲）的免疫防禦機制。TH2a 免疫反應包括發炎性嗜酸性粒細胞(iEOS)、產生白細胞介素 IL-4/IL-5 的 CD 4 T 細胞、類胰蛋白酶肥大細胞 (MCt)、iNKT2 細胞和 IgG4 B 細胞。TH2b 免疫包括嗜鹼性粒細胞、產生 IL-13/IL-4 的 CD4 T 細胞、類胰蛋白酶/糜蛋白酶肥大細胞 (MCtc)、iNKT2 細胞和 IgE B 細胞。TH2 免疫與 1 型過敏疾病有關。TH22 免疫是宿主抵抗細胞外微生物（胞外細菌、原生動物和真菌）的免疫途徑；它包含中性球細胞 (N1)、分泌 IL-22 的 T 輔助細胞、iNKT17 細胞和 IgG2 B 細胞，並且與 3 型免疫複合物介導的自體免疫有關。THαβ免疫是宿主針對傳染性顆粒（病毒和普利昂蛋白）的免疫反應；它包括 1 型 NK 細胞 (NK1)、分泌 IL-10 的 CD4 T 細胞、iNKT10 細胞、CD8 T 細胞（Tc2、EM1）和 IgG1 B 細胞，並且與 2 型抗體細胞毒性自體免疫相關。

可耐受的免疫反應以 IgA 為主，可分為四組以應對不同的病原體。調節性 T 細胞(Treg)通過從 IgM/IgG 到 IgA 的抗體轉換幫助產生可耐受的免疫反應。TH1-like 免疫是宿主耐受的免疫防禦機制,可抵抗細胞內微生物(細胞內細菌、原生動物和真菌；

它包括 M2 巨噬細胞、產生轉化生長因子-β (TGF-β) /IFNγ 的 CD4 T 細胞、iNKT1 細胞、CD8 T 細胞 (EM3) 和 IgA1 B 細胞，並且與 4 型延遲類型自體免疫相關。TH9 免疫是宿主可耐受的免疫防禦機制，用於應對寄生蟲（昆蟲和蠕蟲）；它包括調節性嗜酸性粒細胞 (rEOS)、嗜鹼性粒細胞、分泌白細胞介素 9 (IL-9) 的 T 輔助細胞、iNKT2 細胞、肥大細胞(MMC9)和 IgA2 B 淋巴細胞，並且與 1 型過敏性自體免疫相關。TH17 免疫是宿主可耐受的抗細胞外微生物（細胞外細菌、原生動物和真菌）的免疫途徑；它包括中性粒細胞 (N2)、產生 IL-17 的 T 輔助細胞、iNKT17 細胞和 IgA2 B 淋巴細胞，並且與 3 型免疫複合物介導的自體免疫有關。TH3 免疫是宿主應對傳染性顆粒（病毒和普利昂蛋白）的免疫防禦機制；它包括 2 型 NK 細胞 (NK2)、產生 IL-10/TGFβ 的 CD4 T 細胞、iNKT10 細胞、CD8 T 細胞 (EM2) 和 IgA1 B 細胞，並與 2 型抗體依賴性細胞毒性自體免疫相關。免疫學途徑的總結如圖 1 所示。

可根除的宿主免疫反應

可根除的宿主免疫反應由濾泡輔助性 T 細胞(Tfh)觸發，其特徵在於 C-X-C 趨化因子受體 5 (CXCR5) 表達和 IL-21 分泌。轉錄因子 BCL6 和 STAT5B 是介導 Tfh 免疫反應的關鍵轉錄因子。Tfh 的主要功能是啟動 B 細胞的抗體生產，並導致抗體類型從 IgM 轉換為 IgG。這種作用是由 IL-21 介導的。其他參與 Tfh 免疫途徑的免疫細胞包括樹突狀細胞 (DCfh,FDC)、iNKTfh 和先天性淋巴細胞 (ILCfh, LTi)。

TH1 免疫路徑是宿主應對細胞內微生物（細胞內細菌、真菌、原生動物）的免疫防禦機制。 其關鍵免疫細胞包括 2 型髓樣樹突狀細胞 (mDC2)、1 型先天性淋巴樣細胞 (ILC1)、巨噬細胞 (M1)、分泌 IFN-γ 的 T 輔助細胞、EM4 CD8 T 細胞 (Tc1)、iNKT1 和 IgG3 B 淋巴細胞。EM 表示效應記憶 (Effector-Memory)，是 CD8 T 細胞的亞型。TH1 免疫反應的驅動細胞因子是 IL-12，主要的轉錄因子是 STAT4 和 STAT1α。關鍵效應細胞因子 IFNγ 通過 iNOS 激活激活 M1 巨噬細胞，利用自由基引起脂質膜過氧化，從而殺死消化的微生物。TH1 免疫與 4 型遲發性自體免疫有關。

在 TH2a 免疫反應中，抗原呈遞細胞是朗格漢細胞 (Langerhans cell)，先天性淋巴樣細胞是 2 型 IL-25 誘導發炎性先天性淋巴樣細胞 (iiLCs2)。參與 TH2a 免疫的關鍵細胞因子和轉錄因子分別是 IL-4/IL-5 以及 STAT6/STAT1α。TH2a 免疫反應的主要免疫細胞包括 iEOS、MCt、IL-4/IL-5 T 輔助細胞、iNKT2 細胞和 IgG4 B 淋巴細胞。在 TH2b 免疫反應中，抗原呈遞細胞是朗格漢細胞，ILCs 是 2 型 IL-33 誘導的天然先天性淋巴樣細胞 (nILCs2)。 TH2b 免疫的關鍵細胞因子和轉錄因子分別是 IL-4 和 13 以及 STAT6 和 STAT3α。TH2b 免疫反應的主要免疫細胞包括嗜鹼性細胞、MCtc、IL-4/IL-13 T 輔助細胞、iNKT2 細胞和 IgE B 淋巴細胞。TH2 免疫途徑與 1 型過敏性自體免疫有關；TH2a 和 TH2b 免疫分別與 IgG4 和 IgE 型過敏有關。

TH22 免疫途徑是宿主對細胞外微生物（細胞外細菌、真菌和原生動物）的免疫。TH22 免疫的抗原呈遞細胞為 1 型髓系樹

突狀細胞（mDC1），ILC 為 3 型 NCR+先天性淋巴樣細胞(NCR+ ILC3)。TH22 免疫反應的主要免疫細胞包括中性粒細胞（N1）、分泌 IL-22 的 CD4 T 細胞和 IgG2 B 細胞。TH22 免疫的驅動和效應細胞因子分別是 IL-1、IL-6 和腫瘤壞死因子 TNF-α 和 IL-22。TH22 免疫反應的主要轉錄因子是 STAT3α 和 STAT4α。通過吞噬作用激活中性粒細胞和中性粒細胞胞外陷阱 (NETosis) 的形成會破壞胞外微生物。中性粒細胞吞噬過程中自由基的產生導致細胞外微生物的膜脂質過氧化以破壞病原體。TH22 免疫反應與 3 型免疫複合物介導的自體免疫相關。

THαβ免疫途徑是針對傳染性顆粒（病毒和普利昂朊毒體）的宿主免疫反應。用於 THαβ 免疫的抗原呈遞細胞和先天性淋巴樣細胞分別是漿細胞樣 pDC 和產生 IL-10 的 ILC10。THαβ免疫反應的免疫細胞是 1 型 NK 細胞 (NK1)、分泌 IL-10 的 CD4 T 細胞、EM1 CD8 T 細胞 (Tc2) 和 IgG1 B 細胞。THαβ免疫的驅動細胞因子是 1 型干擾素和 IL-10。IL-10 是 THαβ免疫中的主要細胞激素。THαβ免疫反應的主要轉錄因子是 STAT1α、STAT1β 和 STAT3β。具有 IgG1 介導的抗體依賴性細胞毒性 (ADCC) 的 NK 細胞是導致病毒或朊毒體感染細胞凋亡的 THαβ 免疫效應功能。在細胞凋亡過程中，DNA 片段化會破壞病毒 DNA 或 RNA，而蛋白質通過半胱天冬酶(capase)的消化會破壞朊毒體病原蛋白質。THαβ 免疫反應與 2 型抗體依賴性細胞毒性自體免疫相關。

可耐受的宿主免疫反應

　　調節性 CD4+ CD25+ T 細胞是啟動可耐受免疫反應的關鍵。這些 FOXP3 + 調節性 T 細胞(Treg)產生 TGF-β 以激活 STAT5α 和 STAT5β 以觸發可耐受的免疫。 TGF-β 導致 B 細胞抗體型別變為 IgA。其他與 Treg 相關的免疫細胞是 DCreg、Breg 和 ILCreg。如果病原體感染嚴重或廣泛，宿主將很難根除體內所有的病原體，因為根除性強烈免疫反應可能會導致嚴重的器官損傷或衰竭。因此，會啟動宿主可耐受的免疫學途徑來應對這些情況。

　　TH1-like 免疫路徑是應對細胞內微生物（細胞內細菌、真菌、原生動物）的耐受性免疫反應。TH1-like 免疫的免疫細胞包括巨噬細胞 (M2)、分泌 IFNγ/TGFβ 的輔助性 T 細胞、EM3 細胞毒性 T 細胞、iNKT1 細胞和 IgA1 B 淋巴細胞。TH1-like 免疫的抗原呈遞細胞和先天性淋巴樣細胞分別是 mDCs2 和 ILCs1 (NCR-ILCs1)。TH1-like 免疫的驅動細胞因子是 IL-12 和 TGFβ。 TH1-like 免疫反應與 4 型延遲性自身免疫相關。

　　TH9 免疫途徑是宿主對寄生蟲（外寄生蟲和內寄生蟲）的耐受性免疫反應。TH9 免疫反應的免疫細胞包括調節性嗜酸性粒細胞(rEOS)、嗜鹼性粒細胞、分泌 IL-9 的肥大細胞(MMC9)、分泌 IL-9 的 T 輔助細胞、iNKT2 細胞和 IgA2 B 淋巴細胞。TH9 免疫的抗原呈遞細胞是朗格漢細胞，先天性淋巴樣細胞是胸腺基質淋巴細胞生成素 (TSLP) 誘導型 ILC2。TH9 免疫的驅動細胞因子是 IL-4 和 TGFβ。TH9 免疫反應與 1 型過敏性自體免疫相關。

　　TH17 免疫途徑是宿主對細胞外微生物（胞外細菌、真菌和原生動物）的耐受性免疫反應。TH17 免疫的效應細胞是中性粒細胞（N2）、分泌 IL-17 的 CD4 T 細胞、iNKT17 細胞和 IgA2 B 細胞。TH17 免疫的抗原呈遞細胞和先天性淋巴樣細胞分別是 mDCs1 和 ILCs3（NCR- ILCs3。TH17 免疫的驅動細胞因子是 IL-6 和 TGF-β。TH17 免疫反應與 3 型免疫複合物介導的自體免疫相關。

　　TH3 免疫途徑是宿主可耐受的針對傳染性顆粒（病毒和朊毒體）的免疫反應。用於 TH3 免疫的抗原呈遞細胞和先天性淋巴樣細胞分別是漿細胞樣 DC 和產生 IL-10 的 ILC10。 TH3 免疫的效應免疫細胞是 2 型 NK 細胞 (NK2)、產生 IL-10 / TGFβ 的 CD4 T 細胞、EM2 CD8 T 細胞和 IgA1 B 細胞。 TH3 免疫的驅動細胞因子是 TGFβ 和 IL-10。IL-10 和 TGFβ 是 TH3 免疫途徑中的主要細胞因子。 TH3 免疫反應的主要轉錄因子是 STAT1α、STAT1β、STAT3β和 STAT5α/β。TH3 免疫反應與 2 型抗體依賴性細胞毒性自體免疫相關。下圖顯示了免疫通路的完整框架。

Eradicable

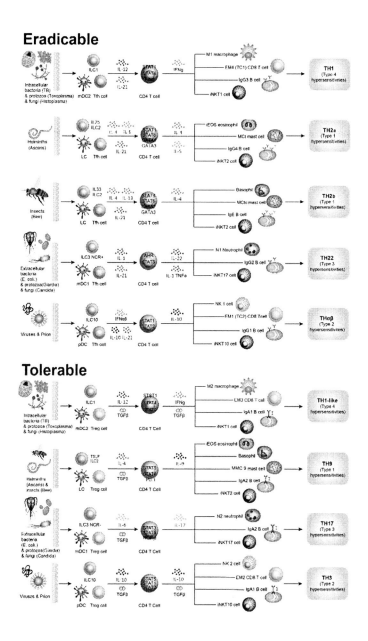

Tolerable

參考文獻

1. Hu WC* Human Immune Responses to Plasmodium falciparum infection: Molecular Evidence for a THαβ and TH17 Bias over Traditional TH1 Immunity, Malaria Journal 12:392 (2013)

2. Hu WC* A Framework of All Discovered Immunological Pathways and Their Roles for Four Specific Types of Pathogens and Hypersensitivities, Frontiers in Immunology 11:1992 (2020)

3. Hu WC* The central THαβ immunity associated cytokine: IL-10 has a strong anti-tumor ability toward established cancer models in vivo and toward cancer cells in vitro, Frontiers in Oncology 11:655554 (2021)

4. Hu WC* The Framework for Human Host Immune Responses to Four Types of Parasitic Infections and Relevant Key JAK/STAT Signaling, International Journal of Molecular Sciences 22(24): 13310 (2021)

5. Hu WC* THαβ Immunological Pathway as Protective Immune Response against Prion Diseases: An Insight for Prion Infection Therapy. Viruses 14(2):408 (2022)

6. Hu WC* Cancer as a Dysfunctional Immune Disorder: Pro-Tumor TH1-like Immune Response and Anti-Tumor THαβ Immune Response Based on the Complete Updated Framework of Host Immunological Pathways. Biomedicines 10(10):2097 (2022)

社會生物學（Social biology）

　　孔子認為，人類有倫理道德，這是區別人類和其他動物的原因。然而，最近一個科學分支稱為社會生物學。這種新的科學分支提出的道德原則，應用於社會化動物，尤其是社會化的哺乳動物或鳥類。這是因為哺乳動物和鳥類有新皮層或皮層狀結構，包括額葉和意識層，以適應社會。因此，倫理原則應該是進化的產物。這是非常合乎邏輯的，因為所有的社會化的動物應遵循一定的規則來維護自己的群體。然而，目前的社會生物學具有一定的缺陷，可能導致社會達爾文主義。在這裡，我將提出的重要的道德原則，為生物有機體社會化提出原則。

　　在這裡，我提出了一個「BELIEFS」的原則為包括最重要的道德原則，利用最歸納簡化的方法。

　　「B」是 Being。「存在」的原則。這是最根本的美德。如果沒有生命的存在，沒有其他的道德價值。因此，它是最先美德。在這個原則下，我們不能害命，我們不能殺生。和平與非暴力是作為原則。充滿希望和樂觀是作為在 Being 精神的一部分。關愛和不傷害也是其原則。值得一提的是，「存在」的原則為基礎。每一個生命都是特殊的，獨一無二的，無價的。你不能殺一個單一的生命來拯救其他更多的生命。這違背了「存在」的原則。這也是功利主義的問題。每一個生命是不可逆的。在動物界，動物

同屬於某一種族不會殺死對方。西諺有烏鴉不挑烏鴉的眼睛，狗不吃狗，和鷹不會啄鷹的眼睛。同類不相殘，雖然動物會為進行交配或得到領導或領土而有儀式戰鬥，他們不會真的殺了對方，因為他們遵守這個原則，即使他們的對手要弱得多。這一原則的關鍵於動物種族的生存。如果他們殺死對方，這種動物種族即將滅絕，由於進化的選擇。這一原則被概括在所有的動物王國內。雖然殺嬰行為被認為是在哺乳動物如獅子或大鼠，它仍然是一個罕見的事件。成年動物通常這樣做，常是因為經濟原因。他們視年輕的動物作為他們的資產，或作為負荷。如果環境不好，他們不能或不想去養而致殺嬰發生，特別是當年輕的動物不從成年雄性動物親生。這可能是像人類墮胎的行為。

「E」就是平等 Equal。 這一原則是公平原則。這意味著公正，坦率，公正，正義，共享和明察力。歧視是與平等原則相反的行為。因此，在美國獨立宣言，所有的人人生而平等！公平是分配正義。包括財富，權力和報酬適當分配。在動物王國中，社會化的動物，需要合作，以尋找食物。因此，合作導致共享食物和分享導致平等的原則。未成熟時或生病的動物不能獵捕食物，健康的動物將與這些嬰兒或體弱的動物分享他們的食物。這也是很重要的攸關動物種族的生存。然而，動物可能不是完全一樣與他們的小組成員完全平均分享食物。更強的動物認為他們有狩獵過程中做出更多的貢獻，所以他們想要更多。如果我們將之比擬人類社會，企業的創業者想獲得更多，因為他們認為他們有更多的貢獻。然而，政府需要有幫助窮人的分配正義。在更高級的靈長類動物，如黑猩猩，它們通常很慈祥地與弱的動物分享食

物。如果弱黑猩猩乞求食物，強黑猩猩很少拒絕。因此，平等的原則，可以在推動進化過程。

「L」是愛 Love。 此原則包括仁慈，同情，利他，慈悲，熱情，慈善，仁愛，寬恕，友愛，善良，樂於助人，慷慨和好客。它也代表了一種叫做族群美德。你應該忠於你的家人，你的社會，你的國家和你的民族。這就是愛的原則的做法。動物將屬於和愛自己的群體。年輕的動物愛自己的父母，和父母動物愛自己的孩子。此外，動物交配彼此相愛。這是他們關心對方的原因。 這一原則也可以幫助動物種族的生存。 靈長類動物和鳥類也有非直系親屬 alloparents。 那是阿姨，姐姐/哥哥有助於扶養年輕的動物。 這也是動物團體的倫理行為。

「I」是指勤奮 Industrious。它包括盡職，責任和勇氣。動物需要努力找出他們的食物。因此，勤勞是動物重要的道德原則。獅子，老虎，狗和鳥繼續努力尋找食物來養育自己的孩子。如果他們不努力，他們不能保持自己的團體或家庭。I 也意味著智力 Intelligence。 動物需要用自己的智慧去尋找食物。分工合作是讓動物服從群體社會化的原則。例如，海狸合作，非常勤勞建立一個大壩。這就是為什麼我們都需要像海狸一樣努力工作。

「E」是指自尊 Esteem。此原則包括尊嚴和尊重。因此，它包括勇氣，敬畏，自信，榮譽，自信，自強，堅毅，勇敢，力量，服從，和受尊敬。相互尊重，還會產生如欣賞，感激，感恩等美德。在動物王國中，一群動物有階層。猴子應該尊重他們的領袖猴王。較低級別的狗將需要尊重更高層次的狗。動物有一定的姿勢，以顯示他們的尊重。他們需要服從他們的領導的指示。領導將帶領動物群有一定的具體目標，狩獵或照顧年幼的動物或防

衛敵人。因此，該動物族群不會分崩離析。自尊原則也意味著，動物本身需要尊重自己與自信。

「F」表示自由 Freedom。這也意味著原諒和容忍。因此，這種價值包括自我意識，正念，開放，考慮，體貼，獨立，理解，和個人主義。為了尊重對方的自由，我們應該用寬容的原則。有自由，再就是有寬容。如果沒有寬容，將違背自由原則。所有的動物天性都具有自由意志和自由行為。其他動物會容忍每個動物的自由。如果動物不傷害別人，不是不服從領導，動物的行為將被容忍的。例如，動物也有戰鬥行為進行交配，但動物不會殺死他們的對手。這也是寬容和寬恕。

「S」表示自律 Self-discipline。這也意味著自我控制或自我責任。它包括責任，接受，耐力，忍耐，節制，廉潔，謙虛，整潔，毅力，決斷，堅韌，知足，和禮貌。當一隻貓或狗已吃飽，就不會多吃。這是自我控制。自我控制也在群體生活中很重要。你不能想比你應得的更多。白嘴嗦囊鳥（White mouth craw）會降低其產蛋數，如果他們的群體規模過大。他們這樣做是為經濟原因，以保持整個群體。這是自我控制，實現整個團體利益的一個很好的例子。

最後的道德原則是「誠信」Integrity。這種道德要求我們說話應該符合我們的行為。這一原則是進化的最後一個產生的道德原則。

我覺得這些簡化七美德包括最重要的道德價值。這七種美德的結合就是理念 B-E-L-I-E-F-S。我們可以用此新原理比較其他現有的原則。在法國大革命，三大道德價值觀是「自由」，「平等」和「愛」。這三種美德都包含在我的新的道德原則。羅斯福

提出的四大自由：免於恐懼的自由，言論自由，宗教自由，免於匱乏的自由。自由原則，包括在我的新的道德原則。在喬納森‧海特的道德基礎理論，他認為有五個價值，包括愛護/危害，公平，忠誠，尊重和純真。這些原則是等於我的「存在」，「平等」，「愛」，「自尊」和「自律」。在馬斯洛的需求層次，他提出了五項主要需求包括生理，安全，愛/歸屬感，自尊和自我實現。前兩個原則是等於我的「存在」的原則。最後一個原則可表示為自由和自律的結合。四項基本原則天主教價值觀包括謹慎（「誠信」），正義（「平等」），節制（「自律」），和勇氣（「自尊」）。三個天主教價值觀包括信仰（「誠信」），希望（「存在」），愛（「愛」）。七天主教美德包括勇氣（「自尊」），慷慨（「愛」），自由（「自由」），勤奮「勤勉」），和平（「存在」），善良（「愛」），和謙卑（「自律」）。在中國，有智仁勇三達德。他們是「智慧」，「愛」和「自尊」。在伊斯蘭教中，有四個主要的價值觀：智慧，合作，誠實，和智力。在印度，有五大價值觀，包括誠實（「誠信」），勇氣（「自尊」），服務（「愛」），自我約束（「自律」），以及非暴力（「存在」）。用信仰的原則，我們可以應用到最重要的美德和處理最道德的問題。在一項研究中，從眾效應是高度相關於後內側額葉皮質和伏隔核，所以額葉在做社會化的紀律發揮非常重要的作用。這就是為什麼我們可以用社會生物學衍生道德原則。

　　目前，道德哲學（倫理原則）有兩個主要的哲學理論分支。第一個是功利主義。邊沁和密爾是功利主義的主要創始人。他們認為道德法則的意義是促進個人和社會的最大幸福。這一理論的一個變體是美好人生理論。他們認為道德原則的存在是促進個

體生命的幸福。第二個是義務論。康德是主要創始人之一。他認為道德原則是個人的責任。這些哲學家認為道德法則的存在是促進個人的完美。

功利主義只關注道德原則的後果。他們不重視而導致後果的方法或途徑。他們認為：如果結果是好的，那麼導致最大幸福的方式是道德原則。然而，這種理論有嚴重缺陷。例如，馬克思主義者。馬克思主義認為，社會平等是整個社會的最終幸福。因此，我們應該採用積極的方法，如階級鬥爭和階級衝突。他們認為勞工階層應該推翻資本階級來實現完整的社會平等。他們認為階級之間的鬥爭是一個道德原則。然而，歷史證明，該主張殺害很多很多人的生命，造成了不少的悲劇。此外，有幾個重要的問題，功利主義不能回答。

- 什麼樣的後果算作好的結果？

- 誰是道德行為的主要受益者？

- 怎樣的後果來判斷，誰判斷呢？

因此，功利主義是不完整的。 這是不是所有的道德法律。

那麼義務論又怎麼樣？Deontologists 認為道德原則是源於每個人的「義務」。他們認為道德法則是每個人的人性。因此，我們應該服從道德法則。然而，有道德律的人性和責任是什麼？康德認為道德法則被繼承在我們的血液。如果只有一個人在世界上，還有沒有道德原則或法律？此外，康德的義務論不能接受「善意的謊言」。如果你有親人最近被診斷「癌症」，他不知道

診斷，你不能告訴他真相，因為根據他的個性，他會自殺。您將需要騙他，這就是所謂的「善意的謊言」。然而，康德的義務論不允許善意的謊言。他認為誠信是道德原則。因此，任何人誰不服從誠實的道德法則。因此，此人是不道德的，即使他的謊言是善意的。因此，康德的道德哲學也是值得懷疑的。善意的謊言其實是一個道德原則，絕對的誠信是不是道德原則，尤其是絕對誠實違背「存在」的價值。

其實兩個原則是相互的因果關係。首先，動物社會化在這個社會創造了每一個人的原則，讓他/她遵守原則。然後，將這些原則內化為額葉皮層，讓個人遵循這些規律。如果每個人遵循這些規則，動物的社會將會更加成功。如果動物社會越來越成功，這些倫理原則將被重新執行。因此，這兩個道德哲學是相互依存的因果關係。兩者都是正確的，但不完整。我們需要同時考慮來引導社會生物學的倫理行為。此外，存在的原則是關鍵。因為生命是不可逆的，這是很重要的。應用上述兩個原理之前，需要考慮存在的價值。因此，善意的謊言是允許的，馬克思主義是錯的例子。

此外，達爾文提出，動物需要為了應自然選擇而生存競爭。他的理論導致了錯誤的流派稱為社會達爾文主義。這種理念產生了種族主義和帝國主義與全球戰爭。實際上，不同的物種競爭，但同樣的物種合作。達爾文的理念並沒有指出的是，同樣的物種需要合作，相互幫忙而同類不相殘，讓物種更成功。並且，這種合作導致的道德原則，乃由於社會生物學動物倫理的起源。

國家圖書館出版品預行編目資料

萬物理論／胡萬炯著. ─ 增訂五版. ─ 臺中市：白
象文化事業有限公司，2023.4
　　面；　公分
ISBN 978-626-7253-92-2（平裝）
1.CST：科學 2.CST：文集
307　　　　　　　　　　　　　112003818

萬物理論

作　　者　胡萬炯
校　　對　胡萬炯
發 行 人　張輝潭
出版發行　白象文化事業有限公司
　　　　　412台中市大里區科技路1號8樓之2（台中軟體園區）
　　　　　出版專線：（04）2496-5995　　傳真：（04）2496-9901
　　　　　401台中市東區和平街228巷44號（經銷部）
　　　　　購書專線：（04）2220-8589　　傳真：（04）2220-8505
專案主編　林榮威
出版編印　林榮威、陳逸儒、黃麗穎、水邊、陳婷婷、李婕
設計創意　張禮南、何佳諠
經紀企劃　張輝潭、徐錦淳
經銷推廣　李莉吟、莊博亞、劉育姍、劉政泓
行銷宣傳　黃姿虹、沈若瑜
營運管理　林金郎、曾千熏
印　　刷　普羅文化股份有限公司
增訂五版一刷　2023 年 4 月
定　　價　200 元

白象文化　印書小舖 PressStore　出版・經銷・宣傳・設計
www.ElephantWhite.com.tw　自費出版的領導者　購書 白象文化生活館